中华经典藏书

檀作文 译注

颜氏家训

中华书局

图书在版编目（CIP）数据

颜氏家训/檀作文译注. —北京：中华书局，2016.1（2024.4
重印）

（中华经典藏书）

ISBN 978-7-101-11464-5

Ⅰ.颜…　Ⅱ.檀…　Ⅲ.①家庭道德-中国-南北朝时代
②《颜氏家训》-注释③《颜氏家训》-译文　Ⅳ.B823.1

中国版本图书馆 CIP 数据核字（2016）第 000293 号

书　　　名	颜氏家训	
译 注 者	檀作文	
丛 书 名	中华经典藏书	
责任编辑	舒　琴	
责任印制	陈丽娜	
出版发行	中华书局	
	（北京市丰台区太平桥西里 38 号　100073）	
	http：//www.zhbc.com.cn	
	E-mail：zhbc@zhbc.com.cn	
印　　　刷	三河市博文印刷有限公司	
版　　　次	2016 年 1 月第 1 版	
	2024 年 4 月第 12 次印刷	
规　　　格	开本/880×1230 毫米　1/32	
	印张 11　插页 2　字数 150 千字	
印　　　数	99001-105000 册	
国际书号	ISBN 978-7-101-11464-5	
定　　　价	22.00 元	

前　言

　　《颜氏家训》在传统中国广为人知，享有"古今家训，以此为祖"（王三聘《古今事物考》）的美誉。

　　《颜氏家训》的作者是南北朝至隋朝时期的著名学者颜之推。颜之推（531—约595），字介，原籍琅邪临沂（今山东临沂），世居建康（今江苏南京），生于士族官僚家庭，世传儒业。颜之推自幼好学，博览群书，辞采华茂，深为梁湘东王赏识，19岁就被任为湘东王国左常侍。梁亡，仕于北齐，历二十年，累官至黄门侍郎。公元577年，北齐为北周所灭，他被征为御史上士。公元581年，隋灭北周，他又于隋文帝开皇年间，被召为学士。颜之推自叹"三为亡国之人"，身仕于四朝，可谓屡经世变。

　　《颜氏家训》一书通行本，多题署"北齐黄门侍郎颜之推撰"，但这本书里写到隋朝开皇二年（582）的事情（见《书证》篇），另据王利器考证，书中多次提到《广雅》而不避隋炀帝杨广的名讳，可以断定《颜氏家训》成书于隋文帝平陈以后，隋炀帝即位之前，是颜之推晚年之作。

　　《颜氏家训》通行本分七卷，共二十篇：

　　卷第一：《序致》《教子》《兄弟》《后娶》《治家》；卷第二：《风操》《慕贤》；卷第三：《勉学》；卷第四：《文章》《名实》《涉务》；卷第五：《省事》《止足》《诫兵》《养生》《归心》；卷第六：《书证》；卷第七：《音辞》《杂艺》《终制》。

　　颜之推在《颜氏家训·序致》篇里阐明了自己写这本《家训》的目的，即将自己一生的经验和心得系统地整理出来，传给后世子孙，希望可以整顿门风，并对后人有所帮助。《颜氏家训》是一部系统完整的家庭教育教科书，是作者关于立身、治家、处事、为学的经验总结，在传统中国的家庭教育史上影响巨大，被誉为"家教规范"。清人王钺在《读书丛残》中说："北齐黄门颜之推《家训》二十篇，篇篇药石，言言龟鉴，凡为人子弟者，当家置一册，奉为明训，不独颜氏。"宋人晁公武《郡斋读书志》也说《颜氏家训》"述立身治家之法，辨正时俗之谬，以训世人"。

颜之推三经世变，身仕四朝，以一介儒生，保持家业不坠，诚然不易。因此他关于立身处世的经验之谈，对后人有一定的借鉴意义。这是《颜氏家训》受后人追捧的一个重要原因。《颜氏家训》反复劝人要好好读书，自求上进，并强调为学贵在真知，不可自欺欺人。这在今日社会，仍有教育意义。

颜之推为人确有乡愿的一面，《颜氏家训·勉学》篇将以嵇康为代表的魏晋名士全盘否定，《文章》篇又将以屈原、司马迁为代表的古今文人数落个遍，《省事》篇竟然质疑向君王进谏。这都是颜之推明哲保身庸人哲学的表现。颜之推不敢走极端，与名士、文人的价值取向迥异，这是他不能成为一流文学家的原因所在。

虽然颜之推的人生哲学中有一些庸人思想，但《颜氏家训》一书仍有相当的文化价值。诚如王利器所言："此书涉及范围，比较广泛。那时，河北、江南风俗各别，豪门庶族，好尚不同。颜氏对佛教之流行，玄风之复扇，鲜卑语之传播，俗文字之兴盛，都作了较为翔实的记录。"

王利器高度肯定了《颜氏家训》一书的历史文献价值，指出该书对研究南北诸史、《汉书》《经典释文》《文心雕龙》等专门学问，具有重要的参考价值，并专门指出《颜氏家训·音辞》一篇，"尤为治音韵学者多当措意"。

范文澜《中国通史简编》（修订本）第二编之第六章《黄河

流域各族大融化时期——北朝》之第三节《北朝的文化》，也高度评价颜之推的学术成就和《颜氏家训》的学术价值，说："他是当时南北两朝最通博最有思想的学者，经历南北两朝，深知南北政治、俗尚的弊病，洞悉南学北学的短长，当时所有大小知识，他几乎都钻研过，并且提出自己的见解。《颜氏家训》二十篇就是这些见解的记录。《颜氏家训》的佳处在于立论平实。平而不流于凡庸，实而多异于世俗，在南方浮华北方粗疏的气氛中，《颜氏家训》保持平实的作风，自成一家言，所以被看作处世的良轨，广泛地流传在士人群中。"

颜之推是一位百科全书式的学者，《颜氏家训》涉及范围也极广泛，可补正史之不足，向我们展示了一幅幅南北朝社会的生活画卷。研读《颜氏家训》一书，有助于我们对中国历史尤其是南北朝社会生活史的了解。

《颜氏家训》里还有一些很有趣的知识，譬如《归心》篇本是论证佛理的，里头却有一段讲到对宇宙星球的认识，反映了一千五百多年前中国人的天文学知识水平，是既有趣又难得的资料。

我们的这个《颜氏家训》读本底本采用王利器的《颜氏家训集解》本，注释和译文力求简明晓畅，广泛参考前哲时贤相关著作，而断以己意。写作过程中，友人尤君若帮我做了大量工作，特致谢忱。

檀作文

2015 年 12 月

目录

卷 一

序致第一

这一篇相当于本书的自序,作者先阐明了写这本《家训》的目的,即将自己一生的经验和心得系统地整理出来,传给后世子孙,希望可以整顿门风,并对子孙后代有所帮助,接下来又用自己的亲身经历作为例证来强调早期家庭教育的重要性,交代了自己写这本书的原因。

　　夫圣贤之书，教人诚孝①，慎言检迹②，立身扬名，亦已备矣。魏、晋已来，所著诸子③，理重事复，递相模效④，犹屋下架屋、床上施床耳。吾今所以复为此者，非敢轨物范世也⑤，业以整齐门内⑥，提撕子孙⑦。夫同言而信，信其所亲；同命而行，行其所服。禁童子之暴谑⑧，则师友之诫，不如傅婢之指挥⑨；止凡人之斗阋⑩，则尧舜之道，不如寡妻之诲谕⑪。吾望此书为汝曹之所信，犹贤于傅婢寡妻耳。

【注释】

①诚孝：即忠孝，隋朝人为了避隋文帝父杨忠之讳而将"忠"改为"诚"。

②检迹：检点行为。这是六朝时的习用语，意思是行为自持，不放纵。

③诸子：本指先秦诸子。这里指魏晋以来的学者阐述儒家学说的著述。

④模效：模仿，效法。

⑤轨物：作为事物的规范。

⑥门内：指家庭内部。

⑦提撕：扯拉，提引；引申为提醒、教导。

⑧暴谑（xuè）：过分的笑闹。

⑨傅婢：保姆，侍婢。

⑩斗阋（xì）：指家庭内兄弟之间的争执。

⑪寡妻：嫡妻，正妻。

【译文】

古代圣贤的著述，教诲人们要忠诚孝顺，说话谨慎，行为庄重，要建立高尚的人格并且宣扬美好的名声，这些道理，他们已经说得很完备了。魏、晋以来，阐述古代圣贤思想的著作，道理重复，内容雷同，前后模仿，就好比屋里再建屋子、床上再放床一样，都是无谓的重复。现在我又来写这种书，并不敢以它做世人行为的规范，只是为了整顿自家门风，警醒后辈罢了。同样一句话，有的人会信服，是因为说话者是他们所亲近的人；同样一个命令，有的人会执行，是因为下命令者是他们所敬服的人。要禁止孩子的过分淘气，师友的劝诫比不上保姆的命令；要制止兄弟间的争斗，尧、舜的教导还不如他们自家妻子的诱导规劝。我希望这本书能被你们信服，希望它能胜过保姆对孩童、妻子对丈夫所起的作用。

吾家风教^①，素为整密。昔在龆龀^②，便蒙诱诲；每从两兄，晓夕温清^③，规行矩步，安辞定色，锵锵翼翼^④，若朝严君焉。赐以优言，问所好尚，励短引长，莫不恳笃。年始九岁，便丁荼蓼^⑤，家涂离散^⑥，百口索然^⑦。慈兄鞠养，苦辛备至；有仁无威，导示不切。虽读《礼传》，微爱属文^⑧，颇为凡人之所陶染^⑨，肆欲轻言，不修边幅。年十八九，少知砥砺^⑩，习若自然，卒难洗荡，二十已后，大过稀焉；每常心共口敌，性与情竞，夜觉晓非，今悔昨失，自怜无教，以至于斯。追思平昔之指^⑪，铭肌镂骨，非徒古书之诫，经目过耳也。故留此二十篇，以为汝曹后车耳⑫。

【注释】

①风教：家风家教。

②龆龀（tiáochèn）：儿童垂髫换齿时，指童年。龆，通"髫"，指儿童下垂的头发。

③温凊（qìng）：即冬温夏凊。温，温被使暖。凊，扇席使凉。这是古代子女奉养父母之举。《礼记·曲礼上》："凡为人子之礼，冬温而夏凊。"

④锵锵翼翼：行走时恭敬有礼，行为举止小心翼翼。

⑤丁：遭遇。古时称遭逢父母死丧为丁忧。荼蓼（tú liǎo）：荼的味道很苦，蓼的味道辛辣，因此用来比喻艰难困苦。

⑥家涂：家道。

⑦百口：全家。索然：离散零落的样子。

⑧属（zhǔ）文：写文章。

⑨陶染：熏陶渐染。

⑩少：稍，略。砥砺：磨炼。

⑪指：通"旨"，意旨，意向。

⑫后车：后继之车，引申为借鉴。《汉书·贾谊传》："前车覆，后车戒。"

【译文】

我家的门风家教，一向严整缜密。在我很小的时候，就接受了这方面的启蒙和教诲；跟着我两位兄长，早晚侍奉双亲，冬天暖被，夏天扇凉，做事循规蹈矩，神色安详，言语平和，走路小心恭敬，就如在给父母大人请安时一样。长辈经常勉励我，关心我的喜好，鼓励我克服自己的短处，发扬自己的长处，态度都十分恳切深厚。我刚满九岁时，父亲便去世了，家道中衰，人口凋敝。慈爱的兄长抚养我长大，历尽了千辛万苦；但他只有慈爱而没有威严，对我的督导不够严厉。我虽然读了《礼传》，喜欢写点文章，但因为与世俗之人交往，受到他们的熏染，所以轻狂放纵，信口开河，而且不修边幅，不注重容貌的整洁庄重。到了十八九岁时，才渐渐懂得要磨砺自己的操行，但习惯已成自然，最终还是难以彻底改掉不良习惯。二十岁以后，大的过失很少犯了，常常是在信口开河时，心里就警觉起来而加以控制，理智与感情往往处于矛盾状态，夜晚能够觉察到白天的错误，今日追悔昨日的过失，我自伤因为小时候没有得到好的教育，以致到这种地步。追想平素所立的志向，这种感受真是铭心刻骨，决不仅仅是把古书上的告诫读读看看就能体会到的。所以，我留下这二十篇《家训》，以此作为你们的后车之鉴。

教子第二

在这一篇当中,作者主要阐述了有关子女教育的问题。他重视儿童的早期教育,认为"当及婴稚,识人颜色,知人喜怒,便加教诲";强调在对子女的教育过程中要处理好严教和慈爱的关系,并举例说明父母对孩子过分溺爱的害处;认为对孩子要一视同仁,不可有所偏爱;重视子女的品德教育,告诫子孙不能为了求官而谄事权贵。

上智不教而成，下愚虽教无益，中庸之人^①，不教不知也。古者，圣王有胎教之法：怀子三月，出居别宫，目不邪视，耳不妄听，音声滋味，以礼节之。书之玉版，藏诸金匮^②。生子咳提^③，师保固明孝仁礼义^④，导习之矣。凡庶纵不能尔^⑤，当及婴稚，识人颜色，知人喜怒，便加教诲，使为则为，使止则止。比及数岁，可省笞罚。父母威严而有慈，则子女畏慎而生孝矣。吾见世间，无教而有爱，每不能然；饮食运为^⑥，恣其所欲，宜诫翻奖，应诃反笑，至有识知，谓法当尔。骄慢已习，方复制之，捶挞至死而无威，忿怒日隆而增怨，逮于成长，终为败德。孔子云"少成若天性，习惯如自然"是也。俗谚曰："教妇初来，教儿婴孩。"诚哉斯语！

【注释】

①中庸之人：智力平常的人。

②金匮：铜制的柜，古时用以收藏文献或文物。引文语出汉代贾谊《新书·胎教》："胎教之道，书之玉版，藏之金匮，置之宗庙，以为后世戒。"匮，同"柜"。

③咳提：指小儿啼哭、笑闹。

④师保：古代担任教导皇室贵族子弟的官员，有师有保，统称师保。

⑤凡庶：平民百姓。

⑥运为：行为。

【译文】

智力超群的人，不用教导也能成材；智力低下的人，虽受教导也于事无补；智力中等的人，不教导就不会懂得事理。古时候，圣贤的君王就有胎教的方法：妃嫔怀孕三个月时，就要住在专门的房间，眼睛不看不该看的东西，耳朵不听胡言乱语，她所听的音乐，日常的饮食，都要受到礼仪的节制。这种胎教的方法记录在玉片上，收藏在金柜里。孩子出生后，尚未懂事时，就确定了太师、太保，开始对他进行孝、仁、礼、义等方面的教育，并引导他练习。平民百姓虽然不能做到这样，也该在孩子已成幼儿，能看懂大人的脸色、知道大人的喜怒时，对他进行教育，做到大人允许他做才做，不允许他做就立刻停止。这样等孩子长到几岁大时，就不必对他使用笞杖的惩罚了。父母威严而又慈爱，子女就会敬畏谨慎，从而产生孝心。我见世上有些父母，对子女不加教育，只是一味溺爱，往往做不到这样；他们对子女的饮食言行，总是任其为所欲为，该告诫阻止的反而夸奖鼓励，该斥责的反而和颜悦色。孩子长大懂事以后，就会认为理应如此。孩子骄横傲慢的习性已经养成，才想到要去管束制约，就算把他们鞭抽棍打至死，也难以再树立父母的威信，父母的愤怒导致子女的怨恨之情日益加深，等到孩子长大成人，终究会成为道德败坏之人。孔子所谓"少成若天性，习惯如自然"，讲的正是这个道理。俗谚说："教导媳妇要趁新到，教育儿子要及早。"这话说得很有道理。

凡人不能教子女者，亦非欲陷其罪恶，但重于诃怒①，伤其颜色，不忍楚挞惨其肌肤耳②。当以疾病为谕，安得不用汤药针艾救之哉③？又宜思勤督训者，可愿苛虐于骨肉乎？诚不得已也。

【注释】

①重：难。

②楚挞（tà）：杖打。楚，打人用的荆条。挞，打。

③艾：草本植物，叶制成艾绒，可供针灸用。

【译文】

　　一般人不教育子女，并不是想让子女作恶犯罪，只是不愿看到子女因受责骂而脸色沮丧，不忍用荆条抽打子女，使其皮肉受苦。这应该用治病来打比方，一个人生了病，哪有不用汤药、针灸就能治好病的呢？也应该想一想那些勤于督促训导子女的父母，他们难道愿意虐侍自己的亲骨肉吗？确实是不得已啊。

　　王大司马母魏夫人，性甚严正。王在溢城时①，为三千人将，年逾四十，少不如意，犹捶挞之，故能成其勋业。梁元帝时，有一学士，聪敏有才，为父所宠，失于教义。一言之是，遍于行路②，终年誉之；一行之非，掩藏文饰③，冀其自改。年登婚宦④，暴慢日滋，竟以言语不择，为周逖抽肠衅鼓云⑤。

【注释】

①溢（pén）城：也称盆口、溢浦，是溢水汇入长江之处，即今江西九江。

②行路：路上的行人，汉、魏、南北朝人习用语，犹言陌生人。

③掩：遮蔽，掩盖。

④婚宦：结婚和为官。这里指成年。

⑤衅：以血涂抹器物进行祭祀。

【译文】

大司马王僧辩的母亲魏夫人，品性非常严谨方正。王僧辩在溢城时，已经是一位统率三千士卒的将领，年纪也超过四十了，但稍有让母亲不如意的言行，老夫人仍用棍棒教训他。因此，王僧辩才能成就功业。梁元帝的时候，有一位学士，聪明有才气，从小被父亲宠爱，管教失当。他若一句话说得漂亮，父亲就到处宣扬，巴不得过往行人都晓得，一年到头地挂在嘴上；他若一件事做错了，父亲为他百般遮掩粉饰，希望他能够自己改正。这位学士成年以后，粗暴傲慢的习气日益滋长，终究因为说话不检点，触犯了周逖，被周逖抽出肠子，用他的血来祭战鼓。

父子之严，不可以狎①；骨肉之爱，不可以简。简则慈孝不接，狎则怠慢生焉。由命士以上②，父子异宫③，此不狎之道也；抑搔痒痛，悬衾箧枕④，此不简之教也。或问曰："陈亢喜闻君子之远其子，何谓也？"对曰："有是也。盖君子之不亲教其子也。《诗》有讽刺之辞，《礼》有嫌疑之诫，《书》有悖乱之事，《春秋》有邪僻之讥，《易》有备物之象：皆非父子之可通言，故不亲授耳。"

【注释】

①狎（xiá）：亲近而不庄重。

②命士：指受朝廷爵命的士。

③宫：房屋，住宅。

④悬衾箧（qiè）枕：把被子捆好悬挂起来，把枕头放进箱子里。

【译文】

父子之间的关系要严肃，不可以过分亲昵；骨肉之间的亲情之爱，不可以简慢不拘礼节。不拘礼节就不能做到父慈子孝，过分亲昵就会产生放肆不敬之心。从有地位的读书人往上，父子都不同室居住，这就是使父子之间不过分亲昵的方法。至于长辈身体不适时，晚辈为他们按摩抓搔；长辈每天起床后，晚辈为他们整理卧具，这些都是讲究礼节的教育。有人要问："孔子的弟子陈亢听到孔子疏远自己的儿子，感到高兴，这是什么缘故呢？"回答是："这是有道理的。因为君子不亲自教授他的孩子。《诗经》里有讽刺君主的言辞，《礼记》中有自避嫌疑的告诫，《尚书》里有违礼作乱的事，《春秋》中有对淫乱行为的指责，《易经》里有备物致用的卦象，这些都不是父亲可以直接向子女讲解的，所以君子不亲自教自己的孩子。"

　　齐武成帝子琅邪王，太子母弟也，生而聪慧，帝及后并笃爱之，衣服饮食，与东宫相准①。帝每面称之曰："此黠儿也②，当有所成。"及太子即位，王居别宫，礼数优僭③，不与诸王等。太后犹谓不足，常以为言。年十许岁，骄恣无节，器服玩好，必拟乘舆④；尝朝南殿，见典御进新冰⑤，钩盾献早李⑥，还索不得，遂大怒，询曰⑦："至尊已有，我何意无？"不知分齐⑧，率皆如此。识者多有叔段、州吁之讥⑨。后嫌宰相，遂矫诏斩之，又惧有救，乃勒麾下军士，防守殿门；既无反心，受劳而罢，后竟坐此幽薨⑩。

【注释】

①东宫：太子所居之处，代指太子。准：比照。

②黠（xiá）：聪明。

③礼数：古代按名位而分的礼仪等级制度。

④乘舆：皇帝的车子，后用以代指皇帝。

⑤典御：古代主管帝王饮食的官员。

⑥钩盾：古代官署名，主管皇家园林等事项。

⑦询（gòu）：詈骂。

⑧分齐（jì）：本分定限的意思。

⑨叔段：春秋时期郑庄公的弟弟，因为从小受到母亲的溺爱，行事不守礼制，起兵谋反，被击败，逃亡至共地，因此称为共叔段。州吁：春秋时期卫庄公的儿子，受到庄公的宠爱。庄公的另一个儿子桓公

即位后，州吁作乱，自立为君，被大臣除掉。

⑩坐：因为……而获罪。薨（hōng）：古代称侯王死为"薨"。

【译文】

齐武成帝高湛的三儿子琅邪王高俨，是太子高纬的同母弟弟，他天生聪慧，武成帝和皇后都非常喜爱他，吃穿都可以和太子相比照。武成帝经常当面称赞他说："这孩子聪明过人，将来应当有所成就。"等太子即位之后，琅邪王搬到别宫居住，他的待遇仍然十分优厚，超过其他诸侯王。即便如此，太后还认为不够，常为此向皇帝进言。琅邪王才十多岁，就骄横放肆得毫无节制，他在吃穿用住等方面都要与皇帝相比。他曾经去南殿朝拜，见到典御官向皇帝进献新从地窖里取出的冰块，钩盾令进献早熟的李子，他回府后就派人去索取，没有得到，就大发脾气，骂道："皇帝已经有了的东西，我为什么没有？"他的言行不知分寸，在其他事情上也大都这样。有识之士大多指责他是古代的共叔段、州吁一类人。后来，琅邪王假传圣旨，把和他发生摩擦的宰相杀了，担心有人来救，竟然命令手下的军士守住皇帝所在的宫殿大门。他虽然本无反叛之心，受到安抚后也撤了兵，但最终还是因为这件事被皇帝密令处死。

人之爱子，罕亦能均；自古及今，此弊多矣。贤俊者自可赏爱，顽鲁者亦当矜怜。有偏宠者，虽欲以厚之，更所以祸之。共叔之死①，母实为之；赵王之戮②，父实使之。刘表之倾宗覆族，袁绍之地裂兵亡，可为灵龟明鉴也^③。

【注释】

①共（gōng）叔：即共叔段。

②赵王：指汉高祖与戚夫人的儿子赵隐王如意。汉高祖曾经想立他为太子，后因大臣阻止而作罢。高祖死后，吕后将戚夫人囚禁，制成"人彘"，并将如意毒害致死。

③灵龟明鉴：古人以龟壳占卜，以铜镜照形，故以此二物比喻可资借鉴的事。

【译文】

人们都喜爱自己的孩子，却少有能够一视同仁的。从古到今，因此造成的弊病太多了。聪慧俊秀的孩子，当然值得赏识喜爱，愚蠢迟钝的孩子，也应该喜爱怜惜才是。那些偏宠孩子的人，虽然本意是想以自己的爱厚待孩子，反而因此害了他。共叔段的死，实际上是他母亲造成的；赵王如意被杀，实际上是他父亲造成的。其他像刘表的宗族倾覆，袁绍的兵败地失，这些事例都像灵龟显示的卦象和明镜照出的影子一样可供人借鉴啊。

齐朝有一士大夫，尝谓吾曰："我有一儿，年已十七，颇晓书疏^①，教其鲜卑语及弹琵琶，稍欲通解，以此伏事公卿^②，无不宠爱，亦要事也。"吾时俯而不答^③。异哉，此人之教子也！若由此业，自致卿相，亦不愿汝曹为之。

【注释】

①书疏：指文书信函等的书写工作。

②伏事：即服侍。伏，通"服"。

③俯：低头。

【译文】

齐朝有位士大夫，曾经对我说："我有个孩子，已经十七岁了，通晓公文的书写，教他说鲜卑语、弹奏琵琶，他渐渐地也快掌握了，他用这些本领来侍奉王公贵族，没有不宠爱他的，这也是一件重要的事啊。"我当时低头不语，未作回答。这个人教育孩子的方法，真让人诧异啊！如果凭这些本领去取媚于人，即使能够官至宰相，我也不希望你们这样做。

兄弟第三

　　这一篇主要论述兄弟之间的关系。作者认为兄弟从小一起长大，在很多事情上都是共同经历的，兄弟之间的感情是除了夫妻、父子之外最深厚的一种感情。父母健在的时候，兄弟要相亲相爱，父母去世之后，兄弟之间更应该相互友爱。兄弟之间的相亲相爱对于治家来说十分重要，如果兄弟之间不友爱的话，那么子侄之间的关系就会疏远，甚至会带来十分严重的后果。作者还论述了一些影响兄弟关系的因素，他认为兄弟之间之所以会日渐疏远，主要是由于妻子及仆婢的挑拨，要是弟弟能像侍奉父亲那样对待兄长，兄长对弟弟就像是父亲对儿子那样爱护，兄弟之间就不会不友爱了。

夫有人民而后有夫妇，有夫妇而后有父子，有父子而后有兄弟：一家之亲，此三而已矣。自兹以往，至于九族①，皆本于三亲焉，故于人伦为重者也，不可不笃。兄弟者，分形连气之人也②。方其幼也，父母左提右挈③，前襟后裾，食则同案，衣则传服④，学则连业⑤，游则共方，虽有悖乱之人，不能不相爱也。及其壮也，各妻其妻，各子其子，虽有笃厚之人，不能不少衰也。娣姒之比兄弟⑥，则疏薄矣；今使疏薄之人，而节量亲厚之恩，犹方底而圆盖，必不合矣。惟友悌深至⑦，不为旁人之所移者，免夫！

【注释】

①九族：指本身以上的父、祖、曾祖、高祖和以下的子、孙、曾孙、玄孙。也有以父族四、母族三、妻族二为"九族"的。

②分形连气：形体各别，气息相通。

③挈（qiè）：领，扶持。

④传服：指大孩子用过的衣服留给小孩子穿。

⑤连业：哥哥用过的经籍，弟弟又接着使用。业，古代书写经籍的大版。

⑥娣姒（dìsì）：兄弟之妻互称，即"妯娌"。娣，弟妹。姒，嫂。《尔雅·释亲》："长妇谓稚妇为娣妇，娣妇谓长妇为姒妇。"

⑦友：兄弟相亲。悌：敬爱兄长。

【译文】

有了人类以后才有夫妇，有了夫妇以后才有父子，有了父子以后才有兄弟：一个家庭中的亲人，就这三者而已。由此三种关系发展出去，可以产生"九族"，九族都是来源于这三种亲属关系的，所以三亲是人伦关系中最为重要的部分，不可不加以重视。兄弟，是一母所生，外表不同，而气息相通的人。他们小的时候，父母左手拉一个，右手牵一个；这个拽着父母的前襟，那个抓住父母的后摆；吃饭时用一个几案；穿衣服是哥哥穿过的传给弟弟；学习时，哥哥用过的课本，弟弟接着用；就连游学，也是兄弟同去一个地方。兄弟之中，即使有悖礼胡来的人，但也不能不相亲相爱。等到他们长大成人，各自娶了妻子，各自有了孩子，即便是忠诚厚道的人，兄弟间的感情却渐渐减弱。妯娌比起兄弟来，关系就更加疏远淡薄了；如今让感情疏远淡薄的妯娌来节制度量亲密深厚的兄弟感情，就好像给方形的底座配上圆形的盖子，必定不会适合的。只有相亲相爱、感情至深、不会受别人影响而改变的兄弟，才可避免上述情况。

二亲既殁①，兄弟相顾，当如形之与影、声之与响；爱先人之遗体②，惜己身之分气③，非兄弟何念哉？兄弟之际异于他人，望深则易怨④，地亲则易弭⑤。譬犹居室，一穴则塞之，一隙则涂之，则无颓毁之虑；如雀鼠之不恤，风雨之不防，壁陷楹沦⑥，无可救矣。仆妾之为雀鼠，妻子之为风雨，甚哉！

【注释】

①殁（mò）：死。

②先人：指已死亡的父母。遗体：古人认为自己的身子为父母死后而遗留下来的，故称"遗体"。

③分气：分得的父母的血气。

④望：期望，责望。

⑤地亲：地近情亲。弭（mǐ）：止息。

⑥楹：厅堂前的柱子。沦：没落，塌陷。这里指摧折。

【译文】

父母去世后，兄弟之间应当相互照顾，要如同形体与它的影子、声音与它的回声一样亲密。互相爱护先辈所给予的躯体，互相珍惜从父母那里分得的血气，不是兄弟的话，谁会这样互相爱怜呢？兄弟之间的关系是不同于旁人的，相互期望过高就容易产生不满，而彼此关系亲密的话，不满也就容易消除了。这就好比居住的房子，破了一个洞就立刻堵上，裂了一条缝就马上封住，那么这房子就没有倒塌的危险；如果对麻雀、老鼠的侵害不放在心上，对风雨的侵蚀不加防范，那么等到墙壁倒塌、屋柱摧折时，就无法补救了。奴仆、婢妾比起麻雀、老鼠，妻儿比起风雨，他们的威力是更加厉害呀！

兄弟不睦，则子侄不爱；子侄不爱，则群从疏薄①；群从疏薄，则僮仆为仇敌矣。如此，则行路皆踖其面而蹈其心②，谁救之哉！人或交天下之士，皆有欢爱，而失敬于兄者，何其能多而不能少也！人或将数万之师，得其死力，而失恩于弟者，何其能疏而不能亲也！

【注释】

①群从：与"子侄"同辈的族中子弟。

②踖（jí）：践踏。蹈：踩。

【译文】

兄弟之间不和睦，那么子侄之间就不会互相爱护；子侄不互相爱护，整个家族中的子弟都会互相疏远，感情淡薄；族中子弟关系疏远，感情淡薄，则僮仆之间就会相互仇视敌对了。如果这样，那么陌生人都可以任意践踏、欺侮他们，谁还会来救他们呢！有些人能够结交天下之士，并且相处融洽，却不知敬爱自己的兄长，为什么他能和那么多人相处融洽，却不能善待自己仅有的一两个兄长呢！有的人能统率数万人的军队，使部下为他拼死效力，却不能善待自己的弟弟，为什么对关系疏远的人能广施恩惠，对关系亲密的人却薄情寡恩呢？

娣姒者，多争之地也，使骨肉居之，亦不若各归四海，感霜露而相思，伫日月之相望也①。况以行路之人，处多争之地，能无间者，鲜矣。所以然者，以其当公务而执私情，处重责而怀薄义也；若能恕己而行②，换子而抚，则此患不生矣。

①伫（zhù）：久立。

②恕己：用宽恕自己的态度去对待别人。

【译文】

　　妯娌之间，非常容易产生争执，就好比是非之地，即使是同胞姐妹，与其让她们成为妯娌而住在一起，也不如让她们远嫁各方，这样，她们长久分离之后，才会因感叹霜露降临而互相思念，久立观望日月的运行而期待相聚。更何况妯娌本来就是互不相识的陌生人，处于容易产生争执的环境里，能够互相不隔阂的实在是很少。之所以会这样，是因为在处理大家庭中的事务时大家都各怀私心，肩负重大责任时，心底却挂念着个人的恩怨；假如妯娌都能以宽恕仁爱的心处理事情，能用对待自己子女的态度去对待子侄，那么妯娌不和的事情就不会发生了。

　　人之事兄，不可同于事父，何怨爱弟不及爱子乎？是反照而不明也。沛国刘琎，尝与兄瓛连栋隔壁。瓛呼之数声不应，良久方答；瓛怪问之，乃曰："向来未着衣帽故也^①。"以此事兄，可以免矣。

【注释】

①向来：刚才，刚刚。

【译文】

　　人们不肯以对待父亲的态度敬事兄长，那何必埋怨兄长对弟弟不如对自家孩子疼爱呢？这是因为人们缺乏对自身的观照啊。沛国的刘瓛住处与哥哥刘瓛的房子连在一起，两家的住房只隔一层墙壁。一次，刘瓛呼叫刘瓛，连叫几声都没有人应答。过了好一会儿，才听见刘瓛答应；刘瓛感到奇怪，问他为什么那么久才回答，他说："因为刚才还没有穿戴好衣帽。"以这样的态度敬事兄长，可以不必担心哥哥对弟弟不如对自家的孩子了。

　　江陵王玄绍，弟孝英、子敏，兄弟三人，特相友爱，所得甘旨新异^①，非共聚食，必不先尝，孜孜色貌^②，相见如不足者。及西台陷没，玄绍以形体魁梧，为兵所围，二弟争共抱持，各求代死，终不得解，遂并命尔^③。

【注释】

①甘旨：美味的食物。

②孜孜：勤勉的样子。

③并命：为汉、魏、南北朝人习用语，即相从而死。

【译文】

　　江陵的王玄绍与他弟弟孝英、子敏一共兄弟三人，特别友爱，谁要得到美味新奇的食品，除非是三人在一起共享，否则决不会有人先去品尝，兄弟间热诚的态度溢于言表，每次相见，总觉得在一起的时间不够。到了江陵陷没的时候，玄绍因为体形魁梧，被敌兵围困，两个弟弟争着抱住他，请求替哥哥去死，但终于未能解除厄运，三人一同被杀害。

后娶第四

　　这一篇主要讨论妻子死后，丈夫续弦再娶的事。作者引用大量事例说明后娶的妻子往往会与前妻的子女产生矛盾，从而导致骨肉分离、家庭破碎，因此对待这件事一定要慎重。并分析了后夫和后妻对待前人子女的不同态度："后夫多宠前夫之孤，后妻必虐前妻之子"，以及造成这种现象的原因。本篇还记叙了当时南北地区后娶的不同习俗。

吉甫^①，贤父也，伯奇^②，孝子也。以贤父御孝子^③，合得终于天性^④，而后妻间之，伯奇遂放。曾参妇死^⑤，谓其子曰："吾不及吉甫，汝不及伯奇。"王骏丧妻^⑥，亦谓人曰："我不及曾参，子不如华、元^⑦。"并终身不娶，此等足以为诫。其后，假继惨虐孤遗^⑧，离间骨肉，伤心断肠者，何可胜数。慎之哉！慎之哉！

【注释】

①吉甫：尹吉甫，周宣王时大臣。

②伯奇：尹吉甫的长子。伯奇的生母早死，后母想立自己的儿子伯封为继承人，便诬陷伯奇非礼她，尹吉甫一怒之下，放逐伯奇。伯奇将冤屈寄托于琴曲《履霜操》。尹吉甫后来知道真相，射杀后妻，并召回伯奇。

③御：驾驭，控制。此处指约束、管教。

④天性：天然的品质或特性。这里指父子之间相互关心爱护的天性。

⑤曾参：曾子，名参，字子舆，孔子弟子，以孝著称。

⑥王骏：西汉成帝时的大臣，效仿曾子，妻死而不续娶。

⑦华、元：曾华、曾元，曾子之子。

⑧假继：继母。

【译文】

尹吉甫是位贤明的父亲，伯奇是个孝顺的儿子。以贤明的父亲来教诲孝顺的儿子，应当是可以做到父慈子孝、安享天伦之乐的。但由于尹吉甫的后妻从中挑拨离间，伯奇竟被父亲放逐。曾参的妻子死了，他对自己的儿子说："我没有尹吉甫那样贤明，你们也不如伯奇那样孝顺。因为怕父子之间的关系受到影响，所以我不愿再娶。"王骏在妻子死后，也对劝他再娶的人说："我不及曾参，我的儿子也赶不上曾华、曾元，所以我更不敢再娶。"曾参、王骏两人都终身不再娶妻，这些事都足以让人引以为戒。在他们二人之外，继母残酷虐待前妻的孩子，离间父子骨肉的关系，让人伤心断肠的事，实在是不可胜数。所以，对于再娶这件事，一定要慎之又慎啊！

　　江左不讳庶孽①，丧室之后，多以妾媵终家事②；疥癣蚊虻③，或未能免，限以大分④，故稀斗阋之耻⑤。河北鄙于侧出⑥，不预人流⑦，是以必须重娶，至于三四，母年有少于子者。后母之弟，与前妇之兄，衣服饮食，爰及婚宦，至于士庶贵贱之隔⑧，俗以为常。身没之后，辞讼盈公门⑨，谤辱彰道路，子诬母为妾，弟黜兄为佣⑩，播扬先人之辞迹⑪，暴露祖考之长短⑫，以求直己者，往往而有。悲夫！自古奸臣佞妾，以一言陷人者众矣！况夫妇之义，晓夕移之，婢仆求容，助相说引，积年累月，安有孝子乎？此不可不畏。

【注释】

①江左：即江东，长江下游以南地区。庶孽（niè）：

古代称妾所生子女为庶孽，如《史记·商君列传》："商君者，卫之诸庶孽子也。"

②妾媵（yìng）：古代诸侯贵族女子出嫁，从嫁的妹妹或侄女称媵，后来通称侍妾为妾媵。终：结束。这里是继续管下去的意思。

③疥癣蚊虻（méng）：这里指家庭内部的一些小的矛盾纠纷。

④大分：名分。

⑤斗阋（xì）：兄弟相争，相斗。

⑥河北：黄河以北地区。侧出：妾所生的子女。

⑦人流：有身份者的行列。

⑧士庶：士族和庶族。

⑨讼：诉讼，打官司。

⑩黜：贬低。

⑪辞迹：言语，行迹。此句指传扬先辈隐私。

⑫祖考：指祖先。考，指已去世的父亲。

【译文】

江东一带的人不避忌婢妾所生的孩子，正妻死后，大多以妾来主管家事；家庭内小的纠纷或许不能避免，但限于婢妾的地位名分，因此很少发生兄弟争斗这种有辱家门的事情。黄河以北地区的人鄙视婢妾所生的孩子，把他们当下等人看待，不给他们平等的社会地位，因此正妻死后，就必须再娶，有的人甚至娶过三四次，后妻年龄比前妻儿子的年纪还小。后妻生的儿子与前妻所生的儿子，从衣服饮食的待遇，以至婚配、做官，都有着士人与庶人、贵族与下等人一样的差别，而当地人对此也习以为常。父亲去世之后，家庭成员因闹纠纷而诉讼至官府，诽谤辱骂之声连路人都能听到，前妻之子诬蔑后母是婢妾，后妻之子把前妻之子贬斥为佣仆，他们大肆宣扬亡父的生前言行，争相暴露先人的是非短长，想以此证明自己有道理，这种事在那些再娶的家庭经常发生。可悲啊！自古以来，奸臣佞妾以一句话就置人于死地的事太多了！何况后母借助夫妻间的关系和情义，日夜在丈夫面前说他人的坏话，奴婢为了求取主人的欢心，也在一旁帮着劝说引诱，这样长年累月下去，哪里还会有孝子呢？这不能不让人感到可怕啊。

凡庸之性，后夫多宠前夫之孤，后妻必虐前妻之子；非唯妇人怀嫉妒之情，丈夫有沉惑之僻①，亦事势使之然也。前夫之孤，不敢与我子争家，提携鞠养，积习生爱，故宠之；前妻之子，每居己生之上，宦学婚嫁②，莫不为防焉，故虐之。异姓宠则父母被怨③，继亲虐则兄弟为仇④，家有此者，皆门户之祸也。

【注释】

①沉惑：沉迷、迷惑之意。僻：不良嗜好。
②宦学：做官和进学。
③异姓：前夫之子，因为子女跟从父姓，和继父不同姓，所以称"异姓"。
④继亲：后母。

【译文】

按照一般人的秉性，后夫大多宠爱前夫的孩子，后妻则必定会虐待前妻的子女；这不只是因为妇人天生嫉妒性情强，男子本性容易沉迷于诱惑，实际上这也是环境和事物发展的形势使得他们如此。前夫的子女，不敢与自己的子女争夺家产，在这种情况下，后父从小照顾抚养他，日子一长自然就会产生爱心，所以后父会宠爱他；前妻的孩子，年龄地位一般都在自己的子女之上，无论做官、读书还是娶妻、出嫁，没有一样不要提防的，所以后母大多会虐待他们。父母宠爱异姓孩子则会招致自己孩子的怨恨，继母虐待前妻的孩子则会使兄弟之间反目成仇，凡是家里存在这种问题的，都是家庭的灾祸啊。

思鲁等从舅殷外臣^①，博达之士也。有子基、谌，皆已成立，而再娶王氏。基每拜见后母，感慕呜咽^②，不能自持，家人莫忍仰视。王亦凄怆，不知所容，旬月求退，便以礼遣。此亦悔事也。

【注释】

①思鲁：字孔归，颜之推的长子。从舅：母亲的叔伯兄弟称从舅。

②感慕：感动思慕。

【译文】

思鲁等孩子的堂舅殷外臣，是一位博学通达的人。他的两个儿子殷基、殷谌，都已经长大成人，而他在妻子死后又娶了王氏。殷基每次去拜见后母，都因思念生母而失声痛哭，无法控制自己的感情，家人都不忍心抬头看他。王氏见了也感到凄苦悲伤，不知该如何面对他，因此结婚不到半个月就请求退婚，殷外臣只好按照礼节将她送回娘家。这也是一件让人后悔的事啊。

《后汉书》曰："安帝时，汝南薛包孟尝，好学笃行，丧母，以至孝闻。及父娶后妻而憎包，分出之。包日夜号泣，不能去，至被殴杖。不得已，庐于舍外①，旦入而洒扫②。父怒，又逐之，乃庐于里门③，昏晨不废④。积岁余，父母惭而还之。后行六年服，丧过乎哀⑤。既而弟子求分财异居，包不能止，乃中分其财；奴婢引其老者，曰：'与我共事久，若不能使也⑥。'田庐取其荒顿者⑦，曰：'吾少时所理⑧，意所恋也。'器物取其朽败者，曰：'我素所服食⑨，身口所安也。'弟子数破其产，还复赈给。建光中，公车特征⑩，至拜侍中。包性恬虚，称疾不起，以死自乞。有诏赐告归也。"

【注释】
①庐：指搭建草棚。舍：房子。
②洒扫：洒水扫除污垢。《诗经·大雅·抑》："夙兴夜寐，洒扫庭内，维民之章。"
③里门：乡里之门。古人聚族列里而居，里有里门。
④昏晨不废：坚持早晚给父母请安，从不废止。

⑤丧过乎哀：守丧超过哀礼的限制。古代，父母死，子女服丧三年，薛包行六年服，所以说"丧过乎哀"。

⑥若：你。

⑦荒顿：荒芜废弃。

⑧理：整治。

⑨服：用。

⑩公车：汉代官署名。卫尉的下属机构，设公车令，掌管宫殿中司马门的警卫工作。臣民上书和征召，都由公车接待。

【译文】

《后汉书》记载："安帝时，汝南有位姓薛名包字孟尝的人，他勤奋好学，品行正直，母亲已经去世，他因特别孝顺而闻名乡里。他的父亲再娶之后，就开始憎恶薛包，将他逐出家门。薛包日夜号啕痛哭，不愿离开，以致被父亲用棍棒殴打。薛包迫不得已，只好在屋门外搭了间草棚住着，每天早上都回家清扫房屋。他的父亲十分恼怒，又把他赶走，于是薛包就只得在里巷外搭间小屋住着，但每天早晚仍不间断地向父母请安。这样过了一年多，他的父母也感到很惭愧，就让他搬回家了。当父母逝世后，薛包守孝六年，超过一般守孝三年的礼法惯例。不久，弟弟要求分割家产另外居住，薛包不能劝止他，只好将家产平分；奴婢，他主动分取年老体弱的，并且说：'这些人与我共事的时间很长，你使唤不了他们。'田地房屋，他把荒芜破败的分给自己，说：'这些是我小时候整治过的，我对它们十分依恋。'器物，他取的是快要腐朽的，说：'这都是我平时使用的，已经习惯了。'分家后，他的弟弟几次把自己的家产破败了，薛包便一次又一次资助他。建光年间，政府特意征聘他，并且任用他为侍中。薛包生性恬淡，称病不起，乞求回家终老。朝廷就下诏令允许他告病带职归家。"

治家第五

　　作者在这一篇中主要阐述了治理家庭的理论和观点：家庭之中的关系是上行下效的，父母想要子女孝顺自己，就要对子女慈爱；兄长想要弟弟敬爱自己，就要爱护他们；丈夫想要妻子顺从自己，就要对妻子重义。作者认为治家也同治国一样，要赏罚分明，这样才会事事井井有条；强调要勤俭持家，宽严有度，要有仁厚之风；在对待子女的婚嫁问题上必须要端正态度，认为婚配注重的是配偶的"清白"，反对"卖女纳财，买妇输绢，比量父祖，计较锱铢"；还比较了南北地区的妇女在家庭地位上的差异，描述了重男轻女和虐待儿媳的现象；强调治家要从小事抓起，丝毫不容懈怠。

夫风化者^①，自上而行于下者也，自先而施于后者也。是以父不慈则子不孝，兄不友则弟不恭，夫不义则妇不顺矣。父慈而子逆，兄友而弟傲，夫义而妇陵^②，则天之凶民，乃刑戮之所摄^③，非训导之所移也。

【注释】

①风化：风俗，教化。

②陵：侵侮，欺侮。

③摄：通"慑"，使人畏惧。

【译文】

　　风化教育的事，是由上而下推行的，前人影响后人。因此，如果做父亲的不慈爱，子女就不会孝顺；做兄长的不友爱，弟弟就不会恭敬；丈夫不讲情义，妻子就不会温顺。假如父亲慈爱有加而子女忤逆不孝，兄长友爱备至而弟妹倨傲不恭，丈夫情谊深厚而妻子盛气凌人，那这些人就是天生的凶恶之徒，只能用刑罚杀戮去威慑他们，不是教育感化所能改变的。

　　笞怒废于家，则竖子之过立见^①；刑罚不中^②，则民无所措手足。治家之宽猛，亦犹国焉。

【注释】

①竖子：未成年的人。

②中：适当，合适。

【译文】

如果在家庭内部取消鞭笞一类的体罚，那么孩子们的过失马上就会出现；如果国家的刑罚施用不当，那么老百姓就不知如何是好。治家的宽严标准也要像治国一样恰当合度。

孔子曰："奢则不孙，俭则固；与其不孙也，宁固①。"又云："如有周公之才之美，使骄且吝，其余不足观也已②。"然则可俭而不可吝已。俭者，省约为礼之谓也；吝者，穷急不恤之谓也。今有施则奢，俭则吝；如能施而不奢，俭而不吝，可矣。

【注释】

① "奢则不孙"四句：见《论语·述而》。孙，通"逊"，恭顺。固，鄙陋。
② "如有周公"三句：见《论语·泰伯》。周公，姬旦，周文王之子，武王之弟。武王死后，辅佐成王。是西周初年著名政治家。吝，吝啬。

【译文】

孔子说："奢侈了就会不恭顺，节俭了就会固陋。与其不恭顺，宁可固陋。"又说："即使一个人像周公那样富有才华和美德，只要他骄傲又吝啬，也就不值一提。"这样说来，那就是可以节俭而不可以吝啬。节俭，是指合乎礼制的节省；吝啬，是指对穷困急难的人也不加救助。现在舍得施舍的人就奢侈无度，节俭的人又吝啬小气；假如能施舍于他人而自己又不奢侈，能做到勤俭节约又不吝啬，那就好了。

　　生民之本，要当稼穑而食^①，桑麻以衣。蔬果之畜，园场之所产；鸡豚之善，埘圈之所生^②。爰及栋宇器械，樵苏脂烛^③，莫非种殖之物也。至能守其业者，闭门而为生之具以足，但家无盐井耳。今北土风俗，率能躬俭节用，以赡衣食；江南奢侈，多不逮焉。

【注释】

①稼穑（sè）：泛指农业生产。

②埘（shí）：鸡窝。圈：猪圈，牛羊圈。

③樵苏：做燃料用的柴草。

【译文】

　　百姓生存的根本，是种植庄稼以解决吃饭的问题，种植桑麻以解决穿衣的问题。蔬菜瓜果的积储，来自于果园菜圃的生产；鸡肉、猪肉等美食，来自于鸡窝猪圈的畜养。至于房屋器械、柴草蜡烛等，无不来源于耕种养殖之物。那些善于经营家业的人，不用出门，生活所需的物品就足够用了，家里所缺的只是盐井罢了。如今北方的风俗，大部分家庭都能勤俭节约，以保障衣食所需；而江南地区的风俗较为奢侈，比不上北方人会持家。

　　梁孝元世，有中书舍人^①，治家失度，而过严刻。妻妾遂共货刺客，伺醉而杀之。

【注释】

①中书舍人：官名，原称中书省通事舍人，为中书省属官，任起草诏令之职，参与机密，权力甚重。

【译文】

梁元帝年间，有一位中书舍人，治理家庭有失法度，处事过于严厉苛刻。结果，他的妻妾就共同买通刺客，趁他喝醉时把他杀了。

世间名士，但务宽仁，至于饮食饷馈，僮仆减损，施惠然诺①，妻子节量，狎侮宾客，侵耗乡党②：此亦为家之巨蠹矣③。

【注释】

①然诺：应允诺言。

②乡党：泛指乡里。

③蠹（dù）：蛀虫。这里指为害家庭的人或事。

【译文】

如今世间的一些名士，治家时一味讲究宽厚仁慈，以至于日常饮食和用来馈赠亲友的东西，童仆都敢从中克扣，答应接济他人的钱物，被妻子儿女从中减少，甚至发生轻视侮弄宾客、鱼肉乡里百姓的事：这也是家庭的大害啊。

齐吏部侍郎房文烈，未尝嗔怒，经霖雨绝粮，遣婢籴米①，因尔逃窜，三四许日，方复擒之。房徐曰："举家无食，汝何处来？"竟无捶挞。尝寄人宅②，奴婢彻屋为薪略尽③，闻之颦蹙④，卒无一言。

【注释】

①籴（dí）米：买米。

②寄人宅：以宅寄人，把房子借给别人居住。

③彻：拆毁。

④颦蹙（pín cù）：皱眉蹙额，不高兴的样子。

【译文】

齐朝的吏部侍郎房文烈，从未对人发怒，一次因家中久雨断粮，他派一个婢女外出买米，那个婢女竟借此机会逃走了，过了三四天左右，才将她捉回。房文烈语气和缓地说："全家人都没吃的了，你跑到哪里了？"竟然没有责打她。房文烈曾将自己的住宅借给别人住，那家的奴婢们把房子拆了当柴烧，都几乎烧完了，他知道后只是眉头紧皱，始终没说一句别的什么话。

裴子野有疏亲故属饥寒不能自济者，皆收养之。家素清贫，时逢水旱，二石米为薄粥，仅得遍焉，躬自同之，常无厌色。邺下有一领军①，贪积已甚，家僮八百，誓满一千；朝夕每人肴膳，以十五钱为率②，遇有客旅，更无以兼。后坐事伏法，籍其家产，麻鞋一屋，弊衣数库，其余财宝，不可胜言。南阳有人，为生奥博③，性殊俭吝，冬至后女婿谒之，乃设一铜瓯酒，数脔獐肉④；婿恨其单率，一举尽之。主人愕然，俯仰命益⑤，如此者再。退而责其女曰："某郎好酒，故汝常贫。"及其死后，诸子争财，兄遂杀弟。

【注释】

①领军：官名，东汉建安四年置此官，后改为中领军，掌管禁兵。

②率：规格，标准。

③奥博：富裕，积蓄丰厚。

④脔（luán）：切成小块的肉。

⑤俯仰：周旋，应付。

【译文】

南朝的裴子野每当有远亲旧戚陷于饥寒而不能自救时，都尽力收养他们。裴子野家一向清贫，有时碰上水旱灾害，用二石米煮成稀薄的粥饭，也只能让大家都喝上一点而已。裴子野同大家一起喝粥，从没有厌烦的表情。邺下有一个将军，贪得无厌，积蓄已多，家里已经有八百多僮仆，他还发誓要达到一千人；每天每人的饮食开支，都以十五钱为标准，即使来了客人，也不增加。后来这位将军因犯罪被法办，没收他的家产时，发现光麻鞋就收藏了整整一屋子，破旧衣服堆满了数个仓库，其余财宝更是多得说不完。南阳有一个人生平积蓄十分丰厚，但生性极为吝啬，冬至后，女婿来拜见他，他只准备了一小铜瓯酒和几小片獐子肉来招待；女婿恨他过于简慢小气，就把酒肉一下子全吃了。主人惊呆了，只得应付着叫人添酒加菜，这样先后添加了两次。退席后他就斥责女儿说："你丈夫爱喝酒，所以你才经常受穷。"等他死后，他的儿子争夺财产，哥哥竟然把弟弟给杀了。

妇主中馈^①，惟事酒食衣服之礼耳。国不可使预政，家不可使干蛊^②。如有聪明才智，识达古今，正当辅佐君子，助其不足，必无牝鸡晨鸣^③，以致祸也。

【注释】

①中馈：指妇女在家中主持饮食等事。

②干蛊（gǔ）：主事。

③无：勿，不要。牝（pìn）鸡晨鸣：比喻女子主事。牝鸡，母鸡。

【译文】

妇女主持家务，不过是操办有关酒食衣服等礼仪方面的事就行了。就国家而言，不可让妇人参与政事；就家庭而言，不可让她们主持家政。如果真有聪明才智，见识通达古今，也只应辅佐丈夫，弥补他的不足，一定不要像母鸡代替公鸡报晓一样凌驾于男子之上，以招致祸殃。

江东妇女，略无交游。其婚姻之家，或十数年间，未相识者，惟以信命赠遗^①，致殷勤焉。邺下风俗，专以妇持门户^②，争讼曲直，造请逢迎，车乘填街衢，绮罗盈府寺③，代子求官，为夫诉屈。此乃恒、代之遗风乎？南间贫素，皆事外饰，车乘衣服，必贵整齐；家人妻子，不免饥寒。河北人事④，多由内政⑤，绮罗金翠，不可废阙，羸马悴奴，仅充而已；倡和之礼⑥，或尔汝之⑦。

【注释】

①信命赠遗（wèi）：派使者传达书信问候，赠送礼物。

②持门户：掌管家庭事务。

③府寺：官署，汉代郡国设置属官，亦如公府，故称郡国官署为府寺。

④人事：交际应酬。

⑤内政：家庭内部事务。这里借指主持家务的妻子。

⑥倡和：夫唱妇随。

⑦尔汝：指夫妻间互相轻贱的称谓。

【译文】

　　江东的妇女，没有一点交游，她们娘家与婆家双方，有的十几年间未曾见面，只是遣人问候、互赠礼品，来表示各自的情谊。邺下的风俗，是专以妇女当家，她们与外人争辩是非，应酬交际，所乘的车马挤满街道，她们穿着锦衣华服挤在官家的府衙，有的替儿子求官，有的为丈夫叫屈。这大约是恒州、代郡地区的鲜卑遗风吧？南方地区，即使是贫寒人家，都注意修饰外表，车马和衣服一定要整齐；而家中的妻子儿女，却难免挨饿受冻。黄河以北地区的交际应酬，也多由妻子出面，因此锦衣华服和金银珠翠都是不可缺少的，而家中瘦弱的马匹和憔悴的奴仆，不过是凑数罢了，至于夫妇之间一唱一和的礼节，恐怕已被彼此轻贱的称谓所代替了。

河北妇人，织纴组紃之事[①]，黼黻锦绣罗绮之工[②]，大优于江东也。

【注释】

①织纴（rèn）组紃（xún）：纴为缯帛，组和紃为丝带。这里借指妇女所从事的织作事务。

②黼黻（fǔfú）：古代礼服上所绣的花纹。

【译文】

黄河以北地区的妇女，不论是编织纺绩的本领，还是织作刺绣的工艺，都大大胜过江南的妇女。

太公曰[①]："养女太多，一费也。"陈蕃曰[②]："盗不过五女之门[③]。"女之为累，亦以深矣。然天生蒸民[④]，先人传体，其如之何？世人多不举女，贼行骨肉，岂当如此，而望福于天乎？吾有疏亲，家饶妓媵，诞育将及，便遣阍竖守之[⑤]。体有不安，窥窗倚户，若生女者，辄持将去[⑥]；母随号泣，使人不忍闻也。

【注释】

①太公：姜太公。西周开国名臣。

②陈蕃：东汉名臣，曾上书朝廷，以养女太多易致家
　贫的道理，劝告皇宫不可蓄养过多嫔妃。
③盗不过五女之门：养育五个女儿，五套嫁妆会把家
　庭弄得一贫如洗，连盗贼都不会光顾。
④蒸：众。
⑤阍（hūn）竖：守门的僮仆。
⑥辄：就。

【译文】

姜太公说："女儿养得太多，实在是种耗费。"陈蕃说：
"盗贼都不愿偷窃有五个女儿的家庭。"女儿带来的拖累，
实在太深重了。但天生众民，都是先辈传下的骨肉，又能
把她怎么样呢？一般人大都不愿抚养女儿，生下的亲骨肉
也要加以残害，难道这样干，老天还会赐福给你吗？我有
一个远亲，家中姬妾很多，有谁产期将到时，他就派人去
监守。等到分娩的时候，僮仆从门窗往里窥视，如果生下
的是女儿，就立即抱走；产妇随之号啕大哭，真让人不忍
心听下去。

妇人之性，率宠子婿而虐儿妇。宠婿，则兄弟
之怨生焉；虐妇，则姊妹之谗行焉。然则女之行
留，皆得罪于其家者，母实为之。至有谚云："落索
阿姑餐①。"此其相报也。家之常弊，可不诫哉！

【注释】

①落索：当时俗语，冷落萧索。阿姑：婆婆。

妇人的秉性，大都宠爱女婿而虐待儿媳。宠爱女婿，则儿子的不满就由此产生；虐待儿媳，则女儿的谗言就随之而至。那么女儿不论是出嫁还是待嫁在家，都要得罪家人，这实在是当母亲的造成的。以至有谚语说："婆婆吃饭好冷清。"这是对她的报应啊。这是家庭中经常出现的弊端，不能不警戒啊！

婚姻素对①，靖侯成规②。近世嫁娶，遂有卖女纳财，买妇输绢，比量父祖，计较锱铢③，责多还少，市井无异④。或猥婿在门，或傲妇擅室，贪荣求利，反招羞耻，可不慎欤！

【注释】

①素对：清白的配偶。

②靖侯：即颜之推九世祖颜含，字宏都，谥曰靖侯。桓温曾经请求与颜家结成婚姻，颜含认为桓温势力过于强盛，故而没有答应。事见《晋书·孝友传》。

③锱铢（zīzhū）：均为古代很小的计量单位。比喻微小的事物。

④市井：指商贩。

【译文】

男女婚配要选择清白人家，这是先祖靖侯立下的规矩。近年来，竟然有人利用婚嫁卖女儿捞取钱财，用财礼买媳妇，为子女选配偶时，比量算计对方父辈祖辈的权势地位，斤斤计较对方财礼的多寡；都想多索取少付出，讨价还价，和小商贩没什么区别。结果，有的人因为这样招来了猥琐鄙贱的女婿，有的人娶到了凶悍专权的媳妇，因为贪荣求利，反而招来羞耻，对于这种事，不能不慎重啊！

借人典籍，皆须爱护，先有缺坏，就为补治，此亦士大夫百行之一也^①。济阳江禄，读书未竟，虽有急速，必待卷束整齐^②，然后得起，故无损败，人不厌其求假焉。或有狼籍几案，分散部帙^③，多为童幼婢妾之所点污，风雨虫鼠之所毁伤，实为累德。吾每读圣人之书，未尝不肃敬对之；其故纸有《五经》词义，及贤达姓名，不敢秽用也^④。

【注释】

①百行：古代士大夫所订立身行己之道，共有百事，称之为百行。

②卷束：南北朝时，书籍是抄写在绢帛上，然后卷成一卷收藏，称之为书卷。卷束，即卷起束理。

③部：部分，类别。古代书籍多按内容分为部类收藏。帙（zhì）：古人用以装书卷的布套。

④秽用：用在不干净的地方。

【译文】

借别人的书籍，都应当爱护，借来时如有缺坏，就替别人修补好，这也是士大夫该做的善行之一啊。济阳的江禄，在读书未结束时，即使碰上急事，也一定先把书卷束整齐，然后才起身，所以他的书都没有损坏，别人也不讨厌他来借书。有的人把书乱七八糟地堆放在桌上，那些分散的书卷，大多被孩童、婢女、侍妾点画弄脏，或遭到风雨侵蚀、被虫鼠蛀咬而毁伤，这样做，实在有损道德。我每次读圣人的书，都严肃恭敬地对待它。废旧的纸张上如果有《五经》的文义以及圣贤的姓名，就决不敢拿来用在不干净的地方。

吾家巫觋祷请①，绝于言议；符书章醮②，亦无祈焉，并汝曹所见也。勿为妖妄之费。

【注释】

①巫觋（xí）：男女巫的合称。男为觋，女为巫。祷请：向鬼神祈祷请求。

②符书章醮（jiào）：旧时道士用来驱鬼招神或治病延年的神秘文书。

【译文】

我们家里从来不提请巫师向神鬼祈祷之事；也没有用符书设道场去祈求之举，这都是你们所见到的。切莫把钱花费在这些妖佞虚妄的事情上。

卷 二

风操第六

　　风操指的是士大夫的风度节操。在这一篇中，作者以传统经学对礼的规定为出发点，结合当时的社会情况，对孝、避讳、称谓等士大夫待人接物必须要注意的问题展开了论述。他认为士大夫讲究风度节操是必需的，但是片面讲究也是不可取的；他反对一味尊崇古制，主张因具体情况而定。

吾观《礼经》，圣人之教：箕帚匕箸①，咳唾唯诺②，执烛沃盥③，皆有节文④，亦为至矣。但既残缺，非复全书；其有所不载，及世事变改者，学达君子，自为节度，相承行之，故世号士大夫风操。而家门颇有不同，所见互称长短；然其阡陌⑤，亦自可知。昔在江南，目能视而见之，耳能听而闻之；蓬生麻中，不劳翰墨⑥。汝曹生于戎马之间，视听之所不晓，故聊记录，以传示子孙。

【注释】

①箕（jī）帚：畚箕和扫帚，指家内洒扫之事。匕箸（zhù）：汤匙和筷子。

②咳唾：比喻人的言论。

③沃盥（guàn）：倒水洗手。

④节文：节制修饰。《礼记·坊记》："礼者，因人之情，而为之节文，以为民坊者也。"

⑤阡陌：途径。

⑥翰墨：笔墨。王利器《颜氏家训集解》怀疑此处或有阙文，或"翰墨"为"绳墨"之误。

【译文】

　　我看《礼经》，上面有圣人的教诲：为长辈清扫秽物时该怎样使用簸箕、扫帚，进餐时该怎样使用匙子、筷子，怎样应对得体，怎样持烛照明，怎样侍奉长辈盥洗，这些在《礼经》中都有一定的节制规范，说得也十分详细。但此书已经残缺，不再是全本；而且有些礼仪规范，书上没有记载，有些则随着世事的变化发生了改变，博学通达的君子，就自己斟酌制定了一些规范标准，世代传承，世人就把这些称为士大夫的风操。然而各个家庭的情况自有不同，对所见到的礼仪规范看法也各有不同；不过基本脉络还是可以知道的。过去我在江南地区的时候，对这些礼仪规范耳闻目睹，早已深受其熏染；就像蓬蒿生长在麻地之中，不用规范也长得很直一样。你们生长在战乱年代，对这些礼仪规范当然是看不见也听不到的，所以我姑且把它们记录下来，以此传示子孙后代。

《礼》曰："见似目瞿①，闻名心瞿。"有所感触，恻怆心眼；若在从容平常之地，幸须申其情耳。必不可避，亦当忍之。犹如伯叔兄弟，酷类先人，可得终身肠断，与之绝耶？又："临文不讳，庙中不讳，君所无私讳。"益知闻名，须有消息②，不必期于颠沛而走也③。梁世谢举，甚有声誉，闻讳必哭，为世所讥。又有臧逢世，臧严之子也，笃学修行，不坠门风。孝元经牧江州，遣往建昌督事，郡县民庶，竞修笺书，朝夕辐辏④，几案盈积，书有称"严寒"者，必对之流涕，不省取记⑤，多废公事，物情怨骇⑥，竟以不办而还。此并过事也。

【注释】

① 瞿（jù）：恭谨的样子。

② 消息：斟酌。

③颠沛：颠覆，仆倒。此处形容听到先人名讳后立即
　　趋避的狼狈样。
④辐辏（còu）：车轴集中于轴心，此喻信函聚集于
　　官署。
⑤省：检查，察看。
⑥物情：人情。

【译文】

《礼》书上说："看见与过世父母相似的容貌，就要神
情恭谨，听到过世父母的名字，心中就会惊惧不安。"这是
因为有所感触，引发了内心的哀痛；若是在闲时平常的地
方发生这类事，可以把这种感情宣泄出来。遇到实在无法
回避的，也应该忍一忍。就比如自己的叔伯兄弟，若其相
貌酷似过世的父亲，难道你能一见他就伤心痛苦，以至终
身和他们断绝往来么？《礼》书上还说过："写文章时不用避
讳，在宗庙祭祀不用避讳，在国君面前不用避讳。"这就让
我们进一步明白：听到先父母的名字时，应该先斟酌一下
自己应取的态度，不一定非得立刻窘迫不安地奔走趋避不
可。梁朝的谢举，很有声誉，但他一听到别人称父母的名
讳就会痛哭，因此令人讥笑。还有一位臧逢世，是臧严的
儿子，刻苦好学，操行端正，不失仕宦人家门风。梁元帝
任江州刺史时，派他到建昌督理政事，当地黎民百姓纷纷
写信来函，信函集中到官署，几案都堆得满满的，臧逢世
在处理公务时，看到信函中出现"严寒"一类字样，一定
会对着它掉泪，以至忘记查看和回复，因此经常耽误公事，
人们对此颇多抱怨，他最终因办事不力被召回。这些都是

避讳不当的事啊。

近在扬都①，有一士人讳审，而与沈氏交结周厚②，沈与其书，名而不姓，此非人情也。

【注释】

①扬都：扬州。

②周厚：关系亲密。

【译文】

最近在扬州，有一位读书人忌讳"审"字，他与一位姓沈的交情深厚，姓沈的人给他写信，只署名而不写姓，这就不合情理了。

凡避讳者，皆须得其同训以代换之①：桓公名白②，博有五皓之称③；厉王名长④，琴有修短之目。不闻谓布帛为布皓，呼肾肠为肾修也。梁武小名阿练⑤，子孙皆呼练为绢；乃谓销炼物为销绢物，恐乖其义。或有讳云者，呼纷纭为纷烟；有讳桐者，呼梧桐树为白铁树，便似戏笑耳。

【注释】

①同训：同义词。

②桓公：齐桓公，春秋五霸之首，名小白。

③博：博戏，古代的一种局戏。

④厉王：西汉淮南厉王，姓刘，名长。

⑤梁武：梁武帝。

【译文】

　　凡要避讳的字，都必须得用它的同义词来替换：齐桓公名叫小白，所以博戏中的"五白"就有了"五皓"这种称呼；淮南厉王名长，所以"琴有长短"就说成"琴有修短"。但还没有听说过把"布帛"称作"布皓"，把"肾肠"称作"肾修"的。梁武帝的小名叫阿练，所以他的子孙都把"练"称作"绢"；然而把"销炼"物品称为"销绢"物品，恐怕就有悖于事义了。还有那忌讳云字的人，把"纷纭"叫作"纷烟"；忌讳"桐"字的人把梧桐树称作白铁树，这简直是开玩笑了。

　　周公名子曰禽，孔子名儿曰鲤，止在其身，自可无禁。至若卫侯、魏公子、楚太子①，皆名虮虱；长卿名犬子，王修名狗子，上有连及②，理未为通。古之所行，今之所笑也。北土多有名儿为驴驹、豚子者，使其自称及兄弟所名，亦何忍哉？前汉有尹翁归，后汉有郑翁归，梁家亦有孔翁归，又有顾翁宠；晋代有许思妣、孟少孤③，如此名字，幸当避之。

【注释】

①魏公子：应为韩公子。

②连及：联系涉及。

③妣（bǐ）：死去的母亲。

【译文】

周公给儿子取名为伯禽，孔子给儿子取名为鲤，这些名字只和接受名字的人本身相关，自然不必禁止。可是像卫侯、韩公子、楚太子等人以"虮虱"为名；司马长卿名叫"犬子"，王修名叫"狗子"，这就牵涉到他们的父辈，于理不通了。古人所做的这些事，到今天就成了笑柄。北方地区有很多人给儿子取名为驴驹、豚子之类的，如果让他们这样自称或让他兄弟这样称呼他，又怎么能受得了呢？前汉有人叫尹翁归，后汉有人叫郑翁归，梁朝又有人叫孔翁归，还有人叫顾翁宠；晋代有人叫许思妣、孟少孤，像这类名字，还是避开为好。

今人避讳，更急于古。凡名子者，当为孙地①。吾亲识中有讳襄、讳友、讳同、讳清、讳和、讳禹，交疏造次②，一座百犯，闻者辛苦，无憀赖焉③。

【注释】

①为孙地：为孙辈留有余地。

②交疏：应为"疏交"，指相交之远者。

③无憀（liáo）赖：无所依从。

【译文】

现在的人避讳，比古人更严格。那些为儿子取名字的人，应当为他们的孙辈留点余地。我的亲属朋友中有讳"襄"字的、讳"友"字的、讳"同"字的、讳"清"字的、讳"和"字的、讳"禹"字的，大家在一起时，交往比较疏远的人一时仓猝，讲话时很容易触犯众人的忌讳，听到的人感到伤心，往往无所适从。

昔司马长卿慕蔺相如，故名相如，顾元叹慕蔡邕，故名雍，而后汉有朱伥字孙卿^①，许暹字颜回，梁世有庾晏婴、祖孙登，连古人姓为名字，亦鄙事也。

【注释】

①孙卿：即荀卿。

【译文】

从前，司马长卿因为钦慕蔺相如，所以就改名为相如，顾元叹很仰慕蔡邕，所以就取名为雍，而后汉有朱伥字孙卿，许暹字颜回，梁朝有庾晏婴、祖孙登，这些人竟然把古人连名带姓作为自己的名字，也算是卑贱之事了。

昔刘文饶不忍骂奴为畜产^①，今世愚人遂以相戏，或有指名为豚犊者^②。有识傍观，犹欲掩耳，况当之者乎？

【注释】

①畜产：畜生，是骂人的话。

②豚（tún）：小猪。

【译文】

从前，刘文饶不忍心骂奴仆为畜生，而现在那些愚蠢的人，却拿这类字眼互相开玩笑，还有指名道姓称别人为猪仔牛犊的。有见识的旁观者，还都要把耳朵捂住，何况那当事人呢？

近在议曹^①，共平章百官秩禄^②，有一显贵，当世名臣，意嫌所议过厚。齐朝有一两士族文学之人，谓此贵曰："今日天下大同，须为百代典式，岂得尚作关中旧意？明公定是陶朱公大儿耳^③！"彼此欢笑，不以为嫌。

【注释】

①议曹：汉代郡守所辟属吏之称，掌言职。

②平章：商量处理。秩禄：俸禄。

③陶朱公：春秋时期越国大夫范蠡的别称。范蠡佐越王勾践灭吴后，辞官归隐陶称朱公，以经商致富。相传他的次子在楚国因杀人被抓，他的大儿子带着千金前往营救，因为舍不得花钱，弟弟最终被杀。

【译文】

最近我在议曹参加商讨百官的俸禄标准问题，有一位显贵，是当今名臣，认为大家商议的标准过于优厚了。有一两位原属齐朝士族的文学侍从便对这位显贵说："现在天下统一了，我们应该给后世树立典范，哪能仍然沿袭关中旧规呢？您如此吝啬，一定是陶朱公的大儿子吧！"彼此你欢我笑，竟不感到厌恶。

昔侯霸之子孙①，称其祖父曰家公；陈思王称其父为家父②，母为家母；潘尼称其祖曰家祖：古人之所行，今人之所笑也。今南北风俗，言其祖及二亲，无云家者；田里猥人③，方有此言耳。凡与人言，言己世父④，以次第称之，不云家者，以尊于父⑤，不敢家也。凡言姑姊妹女子子⑥：已嫁，则以夫氏称之；在室⑦，则以次第称之。言礼成他族⑧，不得云家也。子孙不得称家者，轻略之也。蔡邕书集，呼其姑姊为家姑家姊，班固书集，亦云家孙，今并不行也。

【注释】

①侯霸：字君房，东汉人，官至大司徒。

②陈思王：指曹植。

③田里：农村里。猥人：鄙俗之人。

④世父：大伯父，后为伯父的通称。《尔雅·释亲》："父之昆弟，先生为世父，后生为叔父。"

⑤尊于父：伯父较父亲年长，故云。

⑥女子子：女子。

⑦在室：指女子未出嫁。

⑧礼成他族：指女子出嫁到婆家。

【译文】

　　从前，侯霸的子孙称他们的祖父为家公；陈思王曹植称他的父亲为家父，母亲为家母；潘尼称他的祖父为家祖：古代的人是这么称呼的，在今天的人看来就是笑柄了。

如今南北各地的风俗，提到自己的祖辈及父母时，没有称"家"的；只有农村那些粗鄙的人，才这样称呼。凡是和别人谈话，提及自己的伯父，只按照父辈的排行顺序来称呼，不称"家"，是因为伯父比父亲年长，不敢称"家"。凡讲到姑姊妹等女子的时候：已经出嫁的就用她丈夫的姓来称呼；没有出嫁的则以长幼排行来称呼。这意味着女子一行婚礼就成为夫家的人了，不能再称"家"。子孙不能称"家"，以示对他们的轻略。蔡邕在文集里称呼他的姑、姊为家姑、家姊，班固文集里也说家孙，如今都不流行了。

凡与人言，称彼祖父母、世父母、父母及长姑，皆加尊字，自叔父母已下，则加贤字，尊卑之差也。王羲之书，称彼之母与自称己母同，不云尊字，今所非也。

【译文】

凡是与人言谈，提到对方的祖父母、伯父母、父母及长姑，都要在称呼前面加"尊"字，从叔父母以下，则在称呼前面加"贤"字，这是为了表示尊卑差别。王羲之在信中，称呼别人的母亲和称呼自己的母亲时都一样，前面不加"尊"字，现在人认为这是不可取的。

南人冬至岁首，不诣丧家；若不修书，则过节束带以申慰①。北人至岁之日②，重行吊礼；礼无明文，则吾不取。南人宾至不迎，相见捧手而不揖，

送客下席而已；北人迎送并至门，相见则揖，皆古
之道也，吾善其迎揖。

【注释】

①束带：整饬衣冠，束紧衣带，表示恭敬。申慰：以
示慰问。

②至岁：指冬至、岁首二节。

【译文】

南方人在冬至、岁首这两个节日，不到办丧事的人家
去；如果不写信致哀，就等过了节再穿戴整齐亲往吊唁，
以示慰问。北方人在冬至、岁首这两个节日，特别重视吊
唁活动；这种做法在礼仪上没有明文记载，我是不赞同的。
南方人在宾客到来时不出迎，见面时只是拱手而不欠身，
送客也仅仅起身离席而已。北方人迎送客人都要到门口，
相见时作揖为礼，这些都是古代的遗风，我赞许他们这种
待客之礼。

昔者，王侯自称孤、寡、不穀，自兹以降，虽
孔子圣师，与门人言皆称名也。后虽有臣、仆之
称，行者盖亦寡焉。江南轻重①，各有谓号②，具诸
《书仪》；北人多称名者，乃古之遗风，吾善其称
名焉。

【注释】

①轻：地位低。重：地位高。

②谓号：特定称谓。

【译文】

　　过去，王公诸侯都自称孤、寡、不穀，自此以后，纵使是孔子那样的至圣先师，与门人谈话时也都自称名字。后世虽然有人自称臣、仆，但这样做的人不多。江南地区的人不论地位高低，都各有称谓，这都记载在《书仪》之中；北方地区的人大多自称名字，这是古人的遗风，我赞许他们自称名字的做法。

　　言及先人，理当感慕，古者之所易，今人之所难。江南人事不获已①，须言阀阅②，必以文翰③，罕有面论者。北人无何便尔话说④，及相访问。如此之事，不可加于人也。人加诸己，则当避之。名位未高，如为勋贵所逼，隐忍方便，速报取了；勿使烦重，感辱祖父。若没⑤，言须及者，则敛容肃坐，称大门中⑥，世父、叔父则称从兄弟门中，兄弟则称亡者子某门中，各以其尊卑轻重为容色之节，皆变于常。若与君言，虽变于色，犹云亡祖亡伯亡叔也。吾见名士，亦有呼其亡兄弟为兄子弟子门中者，亦未为安贴也⑦。北土风俗，都不行此。太山羊侃⑧，梁初入南；吾近至邺，其兄子肃访侃委曲⑨，吾答之云："卿从门中在梁，如此如此。"肃曰："是我亲第七亡叔⑩，非从也。"祖孝徵在坐，先知江南风俗，乃谓之云："贤从弟门中，何故不解？"

【注释】

①不获已：犹不得已，没有办法。

②阀阅：本作伐阅，指世家门第。

③文翰：指信札、公文书。

④无何：无故，没有由来。

⑤没：去世。

⑥大门中：对别人称自己已故的祖父和父亲。

⑦安贴：妥帖，贴切。

⑧太山：即泰山。

⑨委曲：事情的始末经过。

⑩亲：汉魏至隋，习惯于亲戚称谓之上加"亲"字，以示其为直系的或最亲近的亲戚关系。

【译文】

　　提到先人的名字，理应产生哀念之情，这在古人是很容易的，而今天的人却感到困难。江南人除非事出不得已，否则，在与别人谈及家世的时候，一定是以书信往来，很少当面谈及的。北方人无缘无故想找人聊天，就会到家相访。那么，像当面谈及家世这样的事，就不可施加于别人。如果别人把这样的事施加于你，你就应该设法回避。名声地位不高的人，如果是被权贵所逼迫而必须言及家世，可以隐忍敷衍一下，尽快结束谈话；不要烦琐重复，以免有辱自家祖辈父辈。如果自己的祖父、父亲已经去世，谈话中必须提到他们时，就要表情严肃，端正坐姿，口称"大门中"，提及去世的伯父、叔父时则称"从兄弟门中"，对已过世的兄弟，则称兄弟的儿子"某某门中"，并且要依照他们身份地位的尊卑轻重，来确定自己表情上应掌握的分寸，与平时的表情都要有所不同。如果是同国君谈及自己已经去世的长辈，虽然表情上也有所改变，但还是可以说"亡祖、亡伯、亡叔"等称谓。我看见一些名士，与国君谈话时，也有称他的亡兄、亡弟为兄子"某某门中"或弟子"某某门中"的，这是不够妥帖的。北方的风俗，就完全不是这样。泰山的羊侃，在梁朝初年到了南方；我最近到邺城，他的侄儿羊肃来拜访我，并向我询问羊侃的具体情况，我回答说："您的从门中在梁朝时，具体情况如何如何。"羊肃说："他是我的亲第七亡叔，不是堂叔。"当时祖孝徵也在座，他早就知道江南的风俗，就对羊肃说："就是指贤从弟门中，您怎么不理解呢？"

　　古人皆呼伯父叔父，而今世多单呼伯叔。从父兄弟姊妹已孤^①，而对其前，呼其母为伯叔母，此不可避者也。兄弟之子已孤，与他人言，对孤者前，呼为兄子弟子，颇为不忍；北土人多呼为侄。按：《尔雅》《丧服经》《左传》，侄虽名通男女，并是对姑之称。晋世已来，始呼叔侄；今呼为侄，于理为胜也。

【注释】
①从父：伯父叔父的通称。
【译文】
古代人都称呼伯父、叔父，而现在的人大多只单称伯、叔。叔伯兄弟、姊妹丧父之后，在他们面前说话的时候，称他们的母亲为伯母、叔母，这是无法回避的。如果兄弟的儿子死了父亲，与别人谈话时，当着他们的面，称他们为兄之子或弟之子，叫人很不忍心；北方大多数称他们为"侄"。按：在《尔雅》《丧服经》《左传》等书中，"侄"这个称呼虽然男女都可用，但都是对姑姑来说的。晋代以来，才开始有"叔侄"的称呼；现在统称为侄，从情理上说是恰当的。

　　别易会难，古人所重；江南饯送，下泣言离。有王子侯①，梁武帝弟，出为东郡，与武帝别，帝曰："我年已老，与汝分张②，甚以恻怆。"数行泪下。侯遂密云③，赧然而出④。坐此被责，飘飖舟渚，一百许日，卒不得去。北间风俗，不屑此事，歧路言离，欢笑分首。然人性自有少涕泪者，肠虽欲绝，目犹烂然；如此之人，不可强责。

【注释】

①王子侯：皇室所封列侯。《汉书》有王子侯表。

②分张：分别。

③密云：无泪，指强作悲凄之态而不掉泪。

④赧（nǎn）然：羞愧的样子。

【译文】

　　别时容易见时难，古人对离情特别重视；江南人在为人饯行时，谈到分离就掉眼泪。有一位王子侯，是梁武帝的弟弟，即将到东边的州郡任职，前来与武帝辞行，武帝对他说："我已经年迈了，现在又与你分别，真叫人无比伤心。"说着话便泪流不止。王子侯勉强做出悲伤的样子，却挤不出眼泪，只好含羞而去。他因这件事被人指责，坐船在江渚边飘荡徘徊了一百多天，最终还是不能离去。北方人的风俗，就不屑沉溺于离情别绪，走到岔路口的时候就各自说再见，然后欢笑着离去。当然，有的人天生就很少流泪，即使痛断肝肠，眼睛仍然炯炯有神；像这样的人，就不能过分责备他。

凡亲属名称，皆须粉墨①，不可滥也。无风教者，其父已孤，呼外祖父母与祖父母同，使人为其不喜闻也。虽质于面，皆当加外以别之；父母之世叔父②，皆当加其次第以别之；父母之世叔母，皆当加其姓以别之；父母之群从世叔父母及从祖父母，皆当加其爵位若姓以别之。河北士人，皆呼外祖父母为家公家母，江南田里间亦言之。以家代外，非吾所识。

【注释】

①粉墨：白与黑。此处指需像黑白一样明确区分。

②世叔父：伯父和叔父。世父，即伯父。

【译文】

凡是亲属的名称，都必须分辨清楚，不可胡乱混用。没有教养的人，在祖父、祖母去世后，称呼外祖父、外祖母与称呼祖父、祖母一个样，叫人听了很不高兴。即使是当了外祖父、外祖母的面，也应该在称呼上加个"外"字以示区别；称呼父母亲的伯父、叔父，都应当在称呼前加上他们的排行顺序以示区别；称呼父母亲的伯母、叔母，都应当在称呼前加上她们的姓以示区别；称呼父母亲的堂伯父、堂伯母、堂叔父、堂叔母以及堂祖父、堂祖母，都应当在称呼前加上他们的爵位或姓以示区别。黄河以北地区的士人，都称外祖父、外祖母为家公、家母；江南的乡下偶尔也这样称呼。用"家"字代替了"外"字，这其中的原因我就不明白了。

凡宗亲世数，有从父，有从祖①，有族祖②。江南风俗，自兹已往，高秩者③，通呼为尊；同昭穆者④，虽百世犹称兄弟；若对他人称之，皆云族人。河北士人，虽三二十世，犹呼为从伯从叔。梁武帝尝问一中土人曰："卿北人，何故不知有族？"答云："骨肉易疏，不忍言族耳。"当时虽为敏对，于礼未通。

【注释】

①从祖：父亲的堂伯叔。

②族祖：祖父的堂伯叔。

③秩：官吏的俸禄。引申为官吏的职位或品级。

④昭穆：古代宗法制度，宗庙或墓地的辈次排列，以始祖居中。二世、四世、六世，位于始祖的左方，

称昭；三世、五世、七世位于始祖的右方，称穆；用来分别宗族内部的长幼、亲疏和远近。后亦泛指家族的辈份。《周礼·春官·小宗伯》："辨庙祧之昭穆。"这里是同一祖宗之意。

【译文】

宗族亲属的世系辈份，有从父，有从祖，有族祖。江南的风俗，由此而往，对官职高的，通称为尊；同一个祖宗辈份相同的人，虽然隔了一百代，仍然称为兄弟；如果对外人称呼自己宗族的人，则都称作族人。黄河以北地区的士人，虽然已隔二三十代，仍然称从伯、从叔。梁武帝曾经问一位中原人说："你是北方人，为什么不知道有'族'这种称呼呢？"他回答说："骨肉的关系容易疏远，所以我不忍心用'族'来称呼。"这在当时虽然是一种机敏的回答，但从礼制上却是讲不通的。

吾尝问周弘让曰："父母中外姊妹^①，何以称之？"周曰："亦呼为丈人^②。"自古未见丈人之称施于妇人也。吾亲表所行，若父属者，为某姓姑；母属者，为某姓姨。中外丈人之妇，猥俗呼为丈母^③，士大夫谓之王母、谢母云。而《陆机集》有《与长沙顾母书》，乃其从叔母也，今所不行。

【注释】

①中外：中表亲。中指舅父子女，为内兄弟；外指姑母子女，为外兄弟。

②丈人：通称老人。这里是对亲戚长辈的通称。

③丈母：古称父辈的妻子为丈母，今指岳母。

【译文】

我曾经问周弘让说："对父母亲中表姊妹该如何称呼？"周弘让回答说："也把她们称作丈人。"自古以来没有见过把丈人的称呼用在女性身上的。我的表亲们所奉行的称呼是：如果是父亲的中表姊妹，就称她为某姓姑；如果是母亲的中表姊妹，就称她为某姓姨。中表长辈的妻子，俚俗称她们为丈母，士大夫则称她们作王母、谢母等等。而《陆机集》中有《与长沙顾母书》，顾母就是陆机的从叔母，现在不这样称呼了。

齐朝士子，皆呼祖仆射为祖公①，全不嫌有所涉也，乃有对面以相戏者。

【注释】

①仆射（yè）：古代官名，置于秦朝，宋以后废。

【译文】

齐朝的士大夫们，都称仆射祖珽为"祖公"，完全不顾忌这样称呼会和自己祖父的称呼混为一谈，甚至还有当着祖珽的面用这种称呼开玩笑的。

古者，名以正体，字以表德，名终则讳之，字乃可以为孙氏①。孔子弟子记事者，皆称仲尼；吕后微时，尝字高祖为季；至汉爱种，字其叔父曰丝；王丹与侯霸子语，字霸为君房；江南至今不讳字也。河北士人全不辨之，名亦呼为字，字固呼为字。尚书王元景兄弟，皆号名人，其父名云，字罗汉，一皆讳之，其余不足怪也。

【注释】

①氏：上古时期，人们不仅有姓，还有氏。姓是一种族号，氏是姓的分支。战国以前，男子只称氏，不称姓，战国以后，人们往往以氏为姓，姓氏渐渐合一。汉代时，通称为姓。古代诸侯的儿子称公子，公子的儿子称公孙，公孙的儿子往往以其祖父的字为氏，所以文中说"字乃可以为孙氏"。

【译文】

古时候，名用来表明本身，字用来表示德行。人死后，后人要避讳他的名，而他的字则可以作为孙辈的氏。孔子的弟子在记录孔子言行时，都称孔子的字"仲尼"；吕后在作为百姓时，曾称呼汉高祖的字叫他"季"；汉人爰种，也直称他叔父的字"丝"；王丹和侯霸的儿子谈话，称呼侯霸的字"君房"。江南地区至今对称字仍不避讳。而黄河以北地区的士人对名和字则完全不加区别，名也叫做字，字自然也叫做字。尚书王元景兄弟，都号称名人，他们的父亲名云，字罗汉。他们对父亲的名和字都一概避讳，其他的人不能分辨其中差别，也就不足为怪了。

《礼·间传》云："斩缞之哭①，若往而不反；齐缞之哭②，若往而反；大功之哭③，三曲而偯④；小功缌麻⑤，哀容可也，此哀之发于声音也。"《孝经》云："哭不偯。"皆论哭有轻重质文之声也。礼以哭有言者为号，然则哭亦有辞也。江南丧哭，时有哀诉之言耳；山东重丧，则唯呼苍天，期功以下⑥，则唯呼痛深，便是号而不哭。

【注释】

①斩缞（cuī）：旧时五种丧服中最重的一种，用粗麻布制成，左右和下边不缝。子、未嫁女对父母，媳妇对公婆，承重孙对祖父母，妻对夫都服斩缞。《礼记·丧服小记》："斩缞括发以麻。"

②齐（zī）缞：丧服名，五服之一，次于斩缞。以粗麻布制成，因其缉边缝齐，故称齐缞。为继母、慈母服齐缞三年，为祖父母、妻、庶母服齐缞一年，为曾祖父母服齐缞五月，为高祖父母服齐缞三月。

③大功：丧服名，五服之一，服期九个月。其服用熟麻布制成，较齐缞稍细，较小功为粗，故称大功。旧时堂兄弟、未婚的堂姊妹、已婚的姑、姊妹、侄女及众孙、众子妇、侄妇之丧，都服大功；已婚女为伯父、叔父、兄弟、侄、未婚姑、姊妹、侄女等服丧，也服大功。

④偯（yǐ）：哭的尾声。

⑤小功：丧服名，五服之一，用较粗的熟布制成，比大功为细，较缌麻为粗，服期五个月。《仪礼·丧

服》："小功者，兄弟之服也。"缌（sī）麻：丧服名，五种丧服之最轻者，以熟布为之，比小功为细，服期为三月。凡疏远亲属、亲戚如高祖父母、曾伯叔祖父母、族伯叔祖父母、外祖父母、岳父母、中表兄弟、婿、外孙等都服缌麻。

⑥期（jī）功：古代丧服名称。期，服丧一年。功，指大功和小功。

【译文】

《礼记·间传》上说："穿斩缞这种丧服居丧时，要痛哭至气竭，好像再也哭不出第二声一样；穿齐缞这种丧服居丧时，要哭得死去活来；穿大功这种丧服居丧时，哭时要拖着长长的尾音，一声三折；穿小功、缌麻这两种丧服居丧时，只要表现出哀痛的神情就可以了，这是哀痛之情在声音上的表现。"《孝经》说："孝子丧亲，哭声不拖尾音。"这些都是在论说哭在声音上的轻、重、直接、含蓄之分。礼制中把边哭边哀诉称为号，这样，哭时也可有言辞。江南地区的人在居丧痛哭时，经常会夹杂哀诉的语言；北方人在服重丧时，只是呼天抢地，在服一年以下的轻丧时则只呼悲痛深重，这就是哀号而不哭泣。

江南凡遭重丧，若相知者，同在城邑，三日不吊则绝之；除丧^①，虽相遇则避之，怨其不己悯也。有故及道遥者，致书可也；无书亦如之^②。北俗则不尔。江南凡吊者，主人之外，不识者不执手；识轻服而不识主人^③，则不于会所而吊^④，他日修名诣其家⑤。

【注释】

①除丧：除去丧服。

②如之：如同那样，即如同对待"三日不吊"者一样。

③轻服：五服中较轻的几种，如大功、小功、缌麻之类，即与死者关系较远的人。

④会所：聚会的场所。这里指治丧的地方。

⑤名：名刺。相当于今天的名片。

【译文】

江南地区，凡遭逢重丧的人家，如果是与他家相认识的人，又同住在一个城邑里，三天之内不去吊丧，丧家就会与他断绝交往。丧家的人除掉丧服，与他在路上相遇，也要避开他，因为怨恨他不怜恤自己。如果是另有原因或道路遥远而未能前来吊丧的，也可以写信来表示慰问；不来信的，丧家也会一样对待他。北方的风俗则不是这样。江南地区凡来吊丧者，除了丧主之外，与不认识的人就不握手；如果只认识披戴较轻丧服的人而不认识主人，就不到灵堂去吊丧，改天准备好名刺再上他家去表示慰问。

阴阳家云："辰为水墓，又为土墓，故不得哭。"王充《论衡》云："辰日不哭，哭则重丧①。"今无教者，辰日有丧，不问轻重，举家清谧②，不敢发声，以辞吊客。道书又曰："晦歌朔哭③，皆当有罪，天夺其算④。"丧家朔望⑤，哀感弥深，宁当惜寿，又不哭也？亦不谕。

【注释】

①重丧：再死人。

②清谧（mì）：清静。

③晦：阴历每月的最后一天。朔：阴历每月初一。

④算：寿命。

⑤望：阴历每月十五日。

【译文】

阴阳家说："辰日是水墓，又是土墓，所以辰日不得哭丧。"王充的《论衡》说："辰日不能哭丧，哭的话会再死人。"而今那些没有教养的人，辰日遇到丧事，不问轻丧重丧，全家都静悄悄的，不敢发出哭声，并谢绝吊丧的宾客。道家的书说："晦日唱歌，朔日哭泣，都是有罪的，老天要减损他的寿命。"丧家在朔日和望日，悲痛万分，难道为了爱惜寿命，就不哭泣了吗？真是莫名其妙。

偏傍之书①，死有归杀②。子孙逃窜，莫肯在家；画瓦书符③，作诸厌胜④；丧出之日，门前然火⑤，户外列灰⑥，被送家鬼⑦，章断注连。凡如此比，不近有情，乃儒雅之罪人，弹议所当加也⑧。

【注释】

①偏傍之书：指旁门左道的书。偏傍，不正。

②归杀：也作归煞、回煞。旧时迷信谓人死之后若干

日灵魂回家一次叫"归杀"。

③画瓦：在瓦片上画图像以镇邪。

④厌胜：古代一种巫术，谓能以诅咒制服、压服人或物。

⑤然：点燃。

⑥户外列灰：在门外铺灰，以观死人魂魄之迹，为一种迷信活动。

⑦祓（fú）：古代除灾祈福的仪式。

⑧弹议：舆论批评。

【译文】

旁门左道的书说：人死之后灵魂要返家一次。这一天，子孙们都逃避在外，没有人肯留在家中；又说：用画瓦和书符可以镇邪，念咒语可以驱鬼；还说：出殡那一天，门前要燃火，屋外要铺灰，要举行仪式送走家鬼，上章请求老天阻止死者祸及家人。诸如此类，都不近人情，是儒学雅道的罪人，舆论应该对此进行批评。

己孤，而履岁及长至之节①，无父，拜母、祖父母、世叔父母、姑、兄、姊，则皆泣；无母，拜父、外祖父母、舅、姨、兄、姊，亦如之。此人情也。

【注释】

①履岁：一年之始，指元旦。长至：夏至的别称。《礼记·月令》："是月也，日长至。"因为夏至后日渐短，冬至后，日又渐长，故冬至也称长至。此处当指冬至。

【译文】

父亲或母亲去世后，在元旦和冬至这两个节日里，如果是没了父亲，拜见母亲、祖父母、伯叔父母、姑母、兄长、姐姐时都要哭泣；如果没了母亲，拜见父亲、外祖父母、舅父、姨母、表兄、表姐时也一样要哭泣。这是人之常情。

江左朝臣，子孙初释服①，朝见二宫②，皆当泣涕；二宫为之改容。颇有肤色充泽，无哀感者，梁武薄其为人，多被抑退。裴政出服，问讯武帝③，贬瘦枯槁④，涕泗滂沱，武帝目送之曰："裴之礼不死也。"

【注释】

①释服：即出服，服丧期满，除去丧服。

②二宫：指皇帝与太子。

③问讯：僧尼等向人曲躬合掌致敬叫"问讯"。因为梁武帝信佛，所以裴政以僧礼拜见。

④贬瘦：枯槁消瘦。

【译文】

南朝的大臣亡故后，他们的子孙服丧期满，除去丧服时进宫朝见皇帝和太子，都要痛哭流涕，皇帝和太子也会为之动容。也有一些人在朝见时容光焕发，没有表现出哀痛的感情，梁武帝因为鄙薄他们的为人，大多会将他们贬退降谪。裴政服丧期满进宫时，以僧礼朝拜梁武帝，他面容消瘦憔悴，应答时涕泪横流。梁武帝目送他离去时说："裴政之父裴之礼虽死犹生啊！"

　　二亲既没，所居斋寝①，子与妇弗忍入焉。北朝顿丘李构，母刘氏，夫人亡后，所住之堂，终身锁闭，弗忍开入也。夫人，宋广州刺史纂之孙女，故构犹染江南风教。其父奖，为扬州刺史，镇寿春，遇害。构尝与王松年、祖孝徵数人同集谈宴。孝徵善画，遇有纸笔，图写为人。顷之，因割鹿尾②，戏截画人以示构，而无他意。构怆然动色，便起就马而去。举坐惊骇，莫测其情。祖君寻悟，方深反侧③，当时罕有能感此者。吴郡陆襄，父闲被刑，襄终身布衣蔬饭，虽姜菜有切割，皆不忍食；居家惟以掐摘供厨。江宁姚子笃，母以烧死，终身不忍啖炙④。豫章熊康，父以醉而为奴所杀，终身不复尝酒。然礼缘人情，恩由义断，亲以噎死，亦当不可绝食也。

【注释】

①斋寝：斋戒时居住的旁屋。

②鹿尾：鹿之尾，为古代珍贵食品。

③反侧：惶恐不安。

④啖（dàn）：吃。炙（zhì）：烤肉。

【译文】

父母亲去世之后，他们生前斋戒时所居的旁屋，儿子和媳妇都不忍心进去。北朝顿丘郡的李构，他母亲刘氏夫人死后，她生前所居的屋子，李构将其锁闭，终身不忍心开门进去。李构的母亲，是宋广州刺史刘纂的孙女，所以李构在礼制上仍然受到江南风俗的熏陶。他的父亲李奖，曾是扬州刺史，镇守寿春时被人杀害。李构曾与王松年、祖孝徵几个人聚在一起喝酒谈天。孝徵善于画画，见到纸笔，就画了一幅人物画。过了一会儿，他因为拿刀割取宴席上的鹿尾，就开玩笑地把人像斩断拿给李构看，但并没有其他的意思。李构却悲痛得变了脸色，立刻起身乘马走了。在场的人都惊诧不已，却猜不出其中的原因。祖孝徵后来反复思考，才明白李构是因为他割画中人而想到了自己父亲被杀害的事，悲痛万分，祖孝徵为这件事深感不安，当时却很少有人能明白其中原委。吴郡的陆襄，他的父亲陆闲遭到刑戮，陆襄终身穿布衣吃素餐，即便是生姜，如果用刀割过，他都不忍心食用；做饭只用手掐摘蔬菜供厨房之需。江宁的姚子笃，因为母亲是被烧死的，所以他终身不忍心吃烤肉。豫章的熊康，父亲因酒醉后被奴仆杀害，所以他终身不再饮酒。然而礼是根据人的感情需要而设立的，感念父母之德也需要根据事理而断绝，假如父母亲因为吃饭噎死了，也不能因此绝食吧。

《礼经》：父之遗书，母之杯圈①，感其手口之泽，不忍读用。政为常所讲习，雠校缮写②，及偏加服用，有迹可思者耳。若寻常坟典③，为生什物，安可悉废之乎？既不读用，无容散逸④，惟当缄保⑤，以留后世耳。

【注释】

①杯圈：一种木制饮器。

②雠（chóu）校：校对文字。

③坟典：三坟五典。伏羲、神农、黄帝之书叫三坟，少
昊、颛顼、高辛、唐、虞之书，叫五典。此指书籍。

④散逸：散失。

⑤缄：闭藏不发。

【译文】

《礼经》上讲：父亲遗留的书籍，母亲用过的口杯，感
受到上面父母的气息，就不忍心阅读或使用。只因为这些
书籍是父亲生前经常讲习，亲手校对缮写过的，或是特别
常用的，上面留着他的遗迹可以引发儿女的哀思。如果是
普通的书籍，以及各种日用品，哪能全部废弃不用呢？父
母遗物既然不阅读和使用，就不要让它们散失，应当封存
保护，以留传给后代。

思鲁等第四舅母，亲吴郡张建女也，有第五
妹，三岁丧母。灵床上屏风，平生旧物，屋漏沾
湿，出曝晒之，女子一见，伏床流涕。家人怪其不
起，乃往抱持；荐席淹渍①，精神伤悷②，不能饮
食。将以问医，医诊脉云："肠断矣！"因尔便吐
血，数日而亡。中外怜之③，莫不悲叹。

【注释】

①荐席：垫席。

②伤恒（dá）：悲伤痛苦。

③中外：指中表亲属。

【译文】

思鲁等人的四舅母，是吴郡张建的女儿，她的五妹刚满三岁时就失去了母亲。灵床上摆着的屏风，是她母亲生前使用的旧物。这屏风因屋漏被沾湿，而拿出去曝晒。那女孩一见到屏风，就伏在床上流泪。家里人见她一直不起来，感到奇怪，就过去抱她起身，只见垫席已被泪水浸湿，女孩伤心欲绝，不能饮食。家人带她去看病，医生诊脉后说："她已经伤心断肠了！"女孩因此而吐血，没几天就去世了。亲属都怜惜她，无不悲伤叹息。

《礼》云："忌日不乐①。"正以感慕罔极，恻怆无聊，故不接外宾，不理众务耳。必能悲惨自居，何限于深藏也？世人或端坐奥室，不妨言笑，盛营甘美，厚供斋食；迫有急卒②，密戚至交，尽无相见之理：盖不知礼意乎！

【注释】

①忌日：父母去世的日子。

②卒（cù）：同"猝"，仓猝。

【译文】

《礼记》上说："忌日不宴饮作乐。"正因为对亡故的父母有说不尽的感念思慕之情，悲伤哀痛，所以这天不接待宾客，不处理事务。但是若真能自觉做到悲伤怀念，又何必非得关在家里不出门呢？世间有些人虽然端坐在深室，可是却并不妨碍他们谈笑风生，他们依旧置办丰富的饮食，对亡者也供奉着丰厚的斋食；遇到十分紧迫的事情，或是至亲好友来访，他们却认为没有接见的道理：他们是不明白礼的本质啊！

魏世王修，母以社日亡^①。来岁社日，修感念哀甚，邻里闻之，为之罢社。今二亲丧亡，偶值伏腊分至之节^②，及月小晦后，忌之外，所经此日，犹应感慕，异于余辰，不预饮宴、闻声乐及行游也。

【注释】

①社日：祭祀社神之日。

②伏腊：伏祭和腊祭之日。伏祭在夏季伏日，腊祭在农历十二月。分：春分、秋分。至：冬至、夏至。

【译文】

魏朝王修的母亲是在社日这天去世的。第二年的社日，王修因为思念母亲，十分哀痛，他的邻居们听说此事后，就为此而停止了社日的庆祝活动。假使父母亲去世的日子，正碰上伏祭、腊祭、春分、秋分、夏至、冬至这些节日，以及小月晦后的那一天，除了忌日这天感怀父母外，在上述的日子里，仍应对父母亲感怀思慕，与别的日子有所区别，应该不参加宴饮、不听音乐、不外出游玩。

刘绍、缓、绥，兄弟并为名器①，其父名昭，一生不为照字，惟依《尔雅》火旁作召耳。然凡文与正讳相犯②，当自可避；其有同音异字，不可悉然。刘字之下，即有昭音③。吕尚之儿，如不为上；赵壹之子，傥不作一：便是下笔即妨，是书皆触也。

【注释】

①名器：著名人物。

②正讳：指人的正名。

③昭音：昭的读音。因为旧体刘字上从卯，下从钊，钊的读音正与昭同，是同音不同字，所以文中说"刘字之下，即有昭音"。

【译文】

刘绍、刘缓、刘绥三兄弟都是有名的人物，他们的父亲名叫昭，所以他们兄弟便一辈子都不写照字，只是依照《尔雅》用火字旁加召来代替。当然，凡是文字与人的正名相同的，都应该避讳；如果遇到同音不同形字，就不该全部避讳了。刘字的下半部分就有昭的读音。吕尚的儿子如果不能写"上"字；赵壹的儿子如果不能写"一"字：那便会一下笔就有妨碍，一写字就犯忌讳了。

尝有甲设宴席，请乙为宾；而旦于公庭见乙之子，问之曰："尊侯早晚顾宅？"乙子称其父已往。时以为笑。如此比例，触类慎之①，不可陷于轻脱②。

①触类：接触这一类事情。

②轻脱：轻佻，不稳重。

【译文】

曾经有位甲君摆设宴席，请乙君前来做客；当他早上在朝堂遇见乙的儿子时，就问他："令尊何时能够光顾舍下？"乙的儿子说他父亲已经去了，当时的人都把这事当笑话讲。遇上这类事情时，一定要谨慎对待，千万不可过于轻佻。

江南风俗，儿生一期，为制新衣，盥浴装饰，男则用弓矢纸笔，女则刀尺针缕，并加饮食之物，及珍宝服玩，置之儿前，观其发意所取，以验贪廉愚智，名之为试儿。亲表聚集①，致宴享焉。自兹已后，二亲若在，每至此日，尝有酒食之事耳。无教之徒，虽已孤露②，其日皆为供顿③，酣畅声乐，不知有所感伤。梁孝元年少之时，每八月六日载诞之辰④，常设斋讲⑤；自阮修容薨殁之后⑥，此事亦绝。

【注释】

①亲表：亲属中表。姑母的子女叫外表，舅父姨母的子女叫内表，互称中表。

②孤露：魏晋时人以父亡为孤露，亦称"偏露"，孤单无所荫庇的意思。

③供顿：设宴待客。

④载诞之辰：生日。

⑤斋讲：斋素讲经。

⑥修容：三国时魏宫内女官名，南朝宋改为昭容，至隋仍置修容，为九嫔之一。

【译文】

江南地区的风俗，孩子满周岁时，就要为他们缝制新衣裳，给他洗浴打扮，若是男孩就拿出弓、箭、纸、笔，若是女孩就拿出剪子、尺子、针线，再加上一些饮食，以及珍宝玩具等物，把它们放在孩子面前，由孩子任意抓取，以此来观察孩子今后是贪婪还是廉洁，是愚蠢还是聪明，这种风俗被称作试儿。这一天，亲戚们都聚集一堂，欢宴作乐。从此以后，父母亲如果在世，每到这个日子，就要置酒备饭，欢庆一番。有些没有教养的人，虽然父亲已经去世，这一天，仍然设宴待客，尽兴痛饮，纵情声乐，不知道还应该因怀念父亲而有所感伤。梁孝元帝年轻的时候，每到八月六日生日这天，经常是吃素讲经；自他母亲阮修容去世之后，也就不再这样做了。

人有忧疾，则呼天地父母，自古而然。今世讳避，触途急切①。而江东士庶，痛则称祢②。祢是父之庙号，父在无容称庙，父殁何容辄呼？《苍颉篇》有"㑊"字③，《训诂》云④："痛而谇也⑤，音羽罪反⑥。"今北人痛则呼之。《声类》音于耒反⑦，今南人痛或呼之。此二音随其乡俗，并可行也。

【注释】

①触途：各方面，处处。

②祢（nǐ）：亡父在宗庙中立主之称。

③《苍颉篇》：古代字书，李斯所作。倄：音 yáo。

④《训诂》：书名，解释《苍颉篇》的。

⑤謼：同"呼"，号叫，大声喊叫。

⑥反：反切。我国古代的一种注音方法，取反切上字的声母和反切下字的韵母以及声调合起来为另外一个字注音。

⑦《声类》：书名，魏人李登所作，音韵学著作。

【译文】

　　人有忧患疾病时，就会呼喊天地父母，自古以来都是这样。现在的人讲究避讳，处处比古人来得严格。江南地区无论士大夫还是普通百姓，悲痛时都呼喊"祢"。祢是已故父亲的庙号，父亲在世时不允许立庙，所以不能喊，父亲死后又怎能随便呼叫他的庙号呢？《苍颉篇》中有"倄"字，《训诂》解释说："这是痛苦时发出的声音，其读音是羽罪反。"现在北方人悲痛时就这样叫。《声类》上又说这个字的音是于末反，现在南方人悲痛时就这样喊。这两种读音，随乡俗的不同而不同，但都是可行的。

　　梁世被系劾者，子孙弟侄，皆诣阙三日，露跣陈谢①；子孙有官，自陈解职。子则草屩粗衣②，蓬头垢面，周章道路③，要候执事④，叩头流血，申诉冤情。若配徒隶，诸子并立草庵于所署门，不敢宁宅⑤，动经旬日，官司驱遣，然后始退。江南诸宪司弹人事⑥，事虽不重，而以教义见辱者，或被轻系而身死狱户者，皆为怨仇，子孙三世不交通矣。到洽为御史中丞，初欲弹刘孝绰，其兄溉先与刘善，苦谏不得，乃诣刘涕泣告别而去。

【注释】

①露：指露髻，即不戴帽子露出发髻。跣（xiǎn）：光着脚不穿鞋。

②草屩（juē）：草鞋。粗衣：粗布衣服。

③周章：惊恐不安。

④要（yāo）候：中途等候，迎候。

⑤宁宅：安居。

⑥宪司：魏晋以来，御史的别称。

【译文】

梁朝被拘囚的官员，他的子孙弟侄们，都要连续三天赶赴朝廷，免冠赤足，陈述请罪；如子孙中有做官的，就主动请求解除官职。他的儿子则穿上草鞋和粗布衣服，蓬头垢面，惊恐不安地守候在道路上，迎候主管官员，叩头流血，为父亲申诉冤枉。如果犯人被发配去服苦役，他的儿子们就要在官署门口搭个草棚栖身，不敢在家中安居，一住往往就是十多天，直到官府驱逐才离开。江南地区的诸位御史弹劾人事，有时案情虽不严重，但如果那人是因教义而受弹劾之辱，或者是被轻率拘囚而身死狱中，这些人家就会与御史结下怨仇，子孙三代都不相往来。到洽当御史中丞的时候，一开始想弹劾刘孝绰，到洽的哥哥到溉与刘孝绰关系友善，他苦苦规劝到洽不要弹劾刘孝绰，却未能如愿，于是他就前往刘孝绰处，流着泪与他告别。

兵凶战危，非安全之道。古者，天子丧服以临师，将军凿凶门而出①。父祖伯叔，若在军阵，贬损自居②，不宜奏乐宴会及婚冠吉庆事也③。若居围城之中，憔悴容色，除去饰玩，常为临深履薄之状焉④。父母疾笃，医虽贱虽少，则涕泣而拜之，以求哀也。梁孝元在江州，尝有不豫⑤，世子方等亲拜中兵参军李猷焉。

【注释】

①凶门：古代将军出征时，凿一扇向北的门，由此出发，如办丧事一样，以示必死的决心。

②贬损：损减，抑制。

③冠：冠礼。古代男子二十岁行成人礼，结发戴冠。

④临深履薄："如临深渊，如履薄冰"的缩语，形容小心翼翼、战战兢兢的样子。

⑤不豫：天子有病称不豫。

【译文】

兵器是凶险的事物，战争是危险的事情，都不是安全之道。古时候打仗之前，天子要穿上丧服去视察军队，将军先凿开一扇向北的凶门，然后才率领军队由此出征。自己的父祖伯叔如果在军队里，那么日常生活就该自我约束，不应该奏乐以及参加宴会和婚礼冠礼等吉庆活动。如果他们身陷被围困在城邑之中，自己就要面容憔悴，除掉身上的饰物器玩，时时显现出战战兢兢的样子。若父母病重，即使那医生年少位卑，也应该向医生哭泣跪拜，以此求得他的怜悯。梁孝元帝在江州的时候，曾经生病，他的长子方等人就亲自拜求过他的下属中兵参军李猷。

四海之人，结为兄弟，亦何容易。必有志均义敌^①，令终如始者^②，方可议之。一尔之后^③，命子拜伏，呼为丈人，申父友之敬；身事彼亲，亦宜加礼。比见北人，甚轻此节，行路相逢，便定昆季^④，望年观貌，不择是非，至有结父为兄，托子为弟者。

【注释】

①敌：相当。

②令终如始：即始终如一。

③一尔：一旦如此。

④昆季：指兄弟。长为昆，幼为季。

【译文】

四海之内的异姓之人，结拜为兄弟，并不是一件容易的事。必须得是志同道合而又始终如一的人，才能商讨此事。一旦结为兄弟，就应该让自己的孩子向他伏地下拜，称他为"丈人"，以表示孩子对父亲朋友的尊敬；自己对结拜兄弟的父母亲，也应该待之以礼。近来见到一些北方人对此事很轻率，两个人陌路相逢，便结为兄弟，在排定长幼次序时，他们只从外貌看年龄的长幼而定，也不管对不对，以致有把父辈当成兄长，把子侄辈当成弟弟的。

昔者，周公一沐三握发，一饭三吐餐，以接白屋之士①，一日所见者七十余人。晋文公以沐辞竖头须，致有图反之诮②。门不停宾，古所贵也。失教之家，阍寺无礼，或以主君寝食嗔怒，拒客未通，江南深以为耻。黄门侍郎裴之礼③，号善为士大夫，有如此辈，对宾杖之。其门生僮仆④，接于他人，折旋俯仰⑤，辞色应对，莫不肃敬，与主无别也。

【注释】

①"周公"三句：周公，西周初年政治家，辅佐周成王，制礼作乐。相传他往往洗一次头会中断多次，吃一次饭也中断多次，忙于接待天下的贤人。白屋之士，指平民。古代平民住房不施彩，故称其所住之屋为白屋。

②"晋文公"两句：晋文公，春秋五霸之一，姓姬，名重耳。《左传·僖公二十四年》记载竖头须求见晋文公，晋文公以正在洗头为由，拒绝见他。沐，洗头。竖头须说洗头时低头顺水，心亦朝下，怪不得思维颠倒。晋文公便接见了他。竖，小臣。图，考虑。诮，嘲笑，讥讽。

③黄门侍郎：秦官名，汉因之，因给事于黄门，故称

　　黄门侍郎。

④门生：此指门下使役之人。

⑤折旋：曲行。古代行礼时的动作。

【译文】

　　从前，周公宁愿随时中断沐浴、用餐，以接待来访的贫寒之士，曾经在一天之内接见了七十多人。而晋文公以正在洗头为借口拒绝接见小臣头须，以致招来思维颠倒的嘲笑。不使宾客滞留在大门口，这是古人所看重的礼节。那些没有教养的人家，看门人也没有礼貌，他们有时以主人正在睡觉、吃饭或发脾气为借口，拒绝为客人通报，江南的人家深以此事为耻。黄门侍郎裴之礼，被称作士大夫的楷模，他如果发现家中的僮仆怠慢客人，就会当着客人的面杖打仆人。他的门子、僮仆在接待客人的时候，进退礼仪，言行举止，无不严肃恭敬，与对待主人没有区别。

慕贤第七

　　慕贤，即仰慕贤才之意。作者认为"人在年少，神情未定，所与款狎，熏渍陶染，言笑举动，无心于学，潜移暗化，自然似之"。在日常生活中要多接触品德高尚的正人君子，相处久了，不知不觉中就会提高自己的品德修养；不能因为别人出身卑微，就心存蔑视；不仅要向身边的贤者学习，更要向古代的贤者学习。

古人云："千载一圣，犹旦暮也；五百年一贤，犹比髆也①。"言圣贤之难得，疏阔如此②。傥遭不世明达君子，安可不攀附景仰之乎？吾生于乱世，长于戎马，流离播越③，闻见已多。所值名贤，未尝不心醉魂迷向慕之也。人在年少，神情未定，所与款狎④，熏渍陶染，言笑举动，无心于学，潜移暗化，自然似之。何况操履艺能⑤，较明易习者也？是以与善人居，如入芝兰之室，久而自芳也。与恶人居，如入鲍鱼之肆⑥，久而自臭也。墨子悲于染丝，是之谓矣。君子必慎交游焉。孔子曰："无友不如己者。"颜、闵之徒⑦，何可世得！但优于我，便足贵之。

【注释】

①比髆（bó）：并肩，挨得近。髆，同"膊"，肩胛。

②疏阔：间隔久远。

③播越：离散，流亡。

④款狎：款洽狎昵，相互间关系亲密。

⑤操履：操守德行。

⑥鲍鱼之肆：卖盐渍鱼的店铺，气味腥臭。因以比喻坏人与小人聚集的地方。

⑦颜、闵：指孔子弟子颜回、闵损。

【译文】

古人说："一千年出一位圣人，已经近得像从早到晚那么快了；五百年出一位贤人，已经密得像肩碰肩一样了。"

这是说圣人贤人稀少难得，已经到这种地步了。假如遇上世间所少有的明达君子，怎能不攀附景仰呢？我出生在乱世，在兵荒马乱中长大，颠沛流离，所见所闻已经很多。遇上名流贤士，总是心醉魂迷地向往仰慕人家。人在年轻的时候，精神性情都还没有定型，和那些情投意合的朋友朝夕相处，受到他们的熏渍陶染，人家的一言一笑，一举一动，虽然没有存心去学，但是潜移默化之中，自然跟他们相似。何况操守德行和本领技能，都是比较容易学到的东西呢？因此，与善人相处，就像进入满是芝草兰花的屋子中一样，时间一长自己也变得芬芳起来；与恶人相处，就像进入满是鲍鱼的店铺一样，时间一长自己也变得腥臭起来。墨子因看见人们染丝而感叹，说的也就是这个意思。君子与人交往一定要慎重。孔子说："不要和不如自己的人交朋友。"像颜回、闵损那样的贤人，我们一生都难遇到！只要比我强的人，也就足以让我敬重了。

世人多蔽，贵耳贱目，重遥轻近。少长周旋①，如有贤哲，每相狎侮，不加礼敬。他乡异县，微藉风声②，延颈企踵③，甚于饥渴。校其长短④，核其精粗，或彼不能如此矣。所以鲁人谓孔子为东家丘⑤。昔虞国宫之奇⑥，少长于君，君狎之，不纳其谏，以至亡国，不可不留心也。

【注释】
①少长：指从年少到长大成人。周旋：交往。

②藉：凭借，依靠。

③延颈企踵：伸长脖子踮起脚跟，形容殷切盼望。

④校：比较。

⑤东家丘：东边的邻居孔丘。当时鲁国人不知道孔子的价值，把他看作平常人，称之为"东家丘"。

⑥宫之奇：虞国大夫，年纪稍长于国君。虞君自幼与他相熟，因此不重视他劝阻不要借道给晋国的意见，最终亡国。事见《左传·僖公五年》。

【译文】

世间的人大多见识不明，对传闻的人和事很看重，对亲眼所见的东西则很轻视；对远方的事物很感兴趣，对近处的事物则不放在心上。从小一起长大的人，如果当中有谁成了贤达之士，人们也往往对他轻慢侮弄，缺乏应有的礼貌和敬重。而处在他乡异县的人，凭着那么点名声，就能使大家伸长脖子、踮起脚跟，如饥似渴地盼望一见。其实比较两人的长短，审察两人的优劣，很可能远处的还不如身边的。所以，鲁国人会称孔子为"东家丘"。从前虞国的宫之奇年龄稍长于国君，国君和他比较亲近，不能采纳他的意见，以至亡了国，这个教训不可不多加注意啊。

　　用其言，弃其身，古人所耻。凡有一言一行，取于人者，皆显称之，不可窃人之美，以为己力；虽轻虽贱者，必归功焉。窃人之财，刑辟之所处①；窃人之美，鬼神之所责。

【注释】

①刑辟（bì）：刑法，刑律。

【译文】

采用了别人的言论却嫌弃这个人，古人认为这种行为是可耻的。凡是一句话或一个举措，取自他人的，都应该公开赞扬人家，不能窃取他人成果，当成自己的功劳；即使是地位低下的人，也要肯定他的功劳。窃取别人的钱财，会遭到刑罚的处置；窃取别人的功绩，会遭到鬼神的谴责。

梁孝元前在荆州，有丁觇者，洪亭民耳，颇善属文，殊工草隶。孝元书记，一皆使之。军府轻贱①，多未之重，耻令子弟以为楷法，时云："丁君十纸，不敌王褒数字。"吾雅爱其手迹，常所宝持。孝元尝遣典签惠编送文章示萧祭酒②，祭酒问云："君王比赐书翰③，及写诗笔④，殊为佳手，姓名为谁？那得都无声问⑤？"编以实答。子云叹曰："此人后生无比，遂不为世所称，亦是奇事。"于是闻者稍复刮目。稍仕至尚书仪曹郎⑥，末为晋安王侍读⑦，随王东下。及西台陷殁⑧，简牍湮散，丁亦寻卒于扬州。前所轻者，后思一纸，不可得矣。

【注释】

①军府：时萧绎都督六州军事，故称其治所为军府。

②典签：本为掌管文书的小官，后来权力甚大，称为签帅。

③比：近来。书翰：指书札。

④诗笔：六朝人以诗笔对言，笔指无韵之文。

⑤声问：声誉，名声。问，通"闻"。

⑥仪曹郎：古代官名。

⑦晋安王：指梁简文帝萧纲，他于梁天监五年被封为晋安王。侍读：诸王属官，职责是给诸王讲学。

⑧西台：指江陵。

【译文】

梁孝元帝过去在荆州时，他属下有一位叫丁觇的人，是洪亭人氏，很会写文章，特别擅长草书和隶书。孝元帝的文书抄写，全部由他负责。军府中的人大都看不起他，耻于让自己的子弟去临习他的书法，当时流行的话是："丁觇写上十张纸，也比不上王褒几个字。"我非常喜爱他的书法作品，常常把它们珍藏起来。孝元帝曾经派典签惠编送文章给祭酒萧子云看，萧子云就问惠编："君王最近有书信给我，还有他的诗歌文章，书法都非常漂亮，那书写者实在是一个少有的高手，他姓甚名谁？怎么会一点名声都没有呢？"惠编据实回答了。萧子云感叹道："没有哪个后生能和他相比，他竟然不为世人所称道，这也算是奇事一桩。"别人听了萧子云的评价之后才渐渐改变了对丁觇的看法。丁觇后来逐渐升官至尚书仪曹郎的位置，后来任晋安王侍读，随晋安王东下。等到江陵陷落的时候，那些文书信札都散失了，丁觇不久也在扬州去世。过去轻视他的人，后来再想要他的一纸墨迹，也得不到了。

侯景初入建业①，台门虽闭②，公私草扰，各不自全。太子左卫率羊侃坐东掖门，部分经略③，一宿皆办，遂得百余日抗拒凶逆。于时，城内四万许人，王公朝士，不下一百，便是恃侃一人安之，其相去如此。古人云："巢父、许由④，让于天下；市道小人⑤，争一钱之利。"亦已悬矣。

【注释】

①侯景：南朝梁人，曾发动兵变，攻破梁都建康。建业：梁时称建康，即今江苏南京。

②台门：禁城之门。晋、宋时称朝廷禁地为台，台城即禁城。

③部分：部署安排。经略：策划处理。

④巢父、许由：俱为尧时人，尧以天下让此二人，皆不受。

⑤市道小人：即市井小人。

【译文】

　　侯景刚攻入建业城的时候，台门虽然紧闭，但城内的官吏和百姓都惊恐不安，人人自危。这时，太子左卫率羊侃坐镇东掖门，他部署策划抵抗事宜，一夜之间就全都安排好了，因此，才争取到一百多天的时间来抵抗凶恶的叛军。当时，台城内有四万多人，其中的王公大臣不下一百人，但就是凭着羊侃一人来安定了局面，他们之间的差距竟到了这种地步。古人说："巢父、许由把天下都让给别人，而市井小人为了一个小钱也要争夺不休。"这两者的差距就更悬殊了。

齐文宣帝即位数年，便沉湎纵恣，略无纲纪^①；尚能委政尚书令杨遵彦，内外清谧，朝野晏如^②，各得其所，物无异议，终天保之朝^③。遵彦后为孝昭所戮，刑政于是衰矣。斛律明月，齐朝折冲之臣^④，无罪被诛，将士解体^⑤，周人始有吞齐之志，关中至今誉之。此人用兵，岂止万夫之望而已哉^⑥！国之存亡，系其生死。

【注释】

①纲纪：法度，法纪。

②晏如：安然的样子。

③天保：北齐文宣帝高洋的年号，起于年止于年，共年。

④折冲之臣：指军事栋梁，重要武臣。折冲，使敌人的战车后撤，即击退敌军。冲，古代战车的一种。

⑤解体：人心离散。

⑥万夫之望：即众望所归的意思。

【译文】

齐文宣帝即位几年后，便沉湎酒色，放纵恣睢，目无法纪；但他尚能将政事交给尚书令杨遵彦处理，所以朝廷内外倒也清静安宁，各种事务都能得到妥善安排，大家都没有意见，这种局面一直保持到天保之朝结束。杨遵彦后来被孝昭帝杀害，国家的刑律政令从此也就废弛了。斛律明月是齐朝安邦却敌的重臣，却无罪被杀，军队将士因此而人心涣散，这才使北周萌生了吞并齐国的念头，关中一带人民至今仍对斛律明月称赞不已。这个人用兵，岂止是众望所归啊！他的生死简直可以说是关系着国家的存亡。

张延隽之为晋州行台左丞^①，匡维主将，镇抚疆埸^②，储积器用，爱活黎民，隐若敌国矣^③。群小不得行志，同力迁之。既代之后，公私扰乱，周师一举，此镇先平。齐亡之迹，启于是矣。

【注释】

①行台：凡朝廷遣大臣督诸军于外，谓之行台。

②疆埸（yì）：国界，边界。

③隐：威重貌。敌国：相当于一国。

【译文】

张延隽任晋州行台左丞时，辅佐主将，镇守安抚边疆，储集物资，爱护救助百姓，使晋州城坚稳威重可与一国相匹敌。而那些卑鄙小人因为不能按自己的意愿行事，就联合起来排挤他。张延隽的职位被小人取代之后，晋州上下一片混乱，周国军队一起兵，晋州城就先被扫平了。齐国的败亡历程，就是从这里开始的。

卷　三

勉学第八

勉学，即劝学。作者针对梁朝贵族子弟不学无术，平时养尊处优，望若神仙，一旦社会动乱，立即陷于穷途末路的狼狈情状展开评论，认为"人生在世，会当有业"，不论哪个行业，学好了都可以安身立命；鼓励子弟要靠勤学自立于世，而不能依靠祖上的荫庇，认为"积财千万，不如薄伎在身"；本篇还讽刺了"博士买驴，书券三纸，未有驴字"的迂腐俗儒；反复告诫子弟要珍惜光阴，博览群书，反对"闭门读书，师心自是"和"但能言之，不能行之"的空疏学风。

自古明王圣帝犹须勤学，况凡庶乎！此事遍于经史，吾亦不能郑重^①，聊举近世切要，以启寤汝耳^②。士大夫子弟，数岁已上，莫不被教，多者或至《礼》《传》，少者不失《诗》《论》。及至冠婚，体性稍定；因此天机，倍须训诱。有志尚者，遂能磨砺，以就素业^③，无履立者^④，自兹堕慢^⑤，便为凡人。人生在世，会当有业：农民则计量耕稼，商贾则讨论货贿，工巧则致精器用，伎艺则沉思法术，武夫则惯习弓马，文士则讲议经书。多见士大夫耻涉农商，差务工伎，射则不能穿札^⑥，笔则才记姓名，饱食醉酒，忽忽无事^⑦，以此销日，以此终年。或因家世余绪，得一阶半级，便自为足，全忘修学；及有吉凶大事，议论得失，蒙然张口^⑧，如坐云雾；公私宴集，谈古赋诗，塞默低头，欠伸而已^⑨。有识旁观，代其入地^⑩。何惜数年勤学，长受一生愧辱哉！

【注释】

①郑重：这里是频繁的意思。

②寤：使明白。

③素业：清素之业，即士族所从事的儒业。

④履立：操行。

⑤堕慢：散漫。

⑥札：铠甲上用皮革或金属制成的叶片。

⑦忽忽：恍惚。

⑧蒙然：无知的样子。

⑨欠伸：倦时打哈欠和伸懒腰。

⑩入地：羞愧入地。

【译文】

　　自古以来，那些圣明帝王尚且须要勤奋学习，何况普通百姓呢！这类事例在经书典籍中随处可见，我也不能一一列举，姑且捡近世紧要的事例说说，以启发点悟你们。士大夫的子弟，几岁以后，没有不受教育的，多的读到《礼记》《左传》，少的起码也学完了《诗经》和《论语》。等到他们成年，体质性情都已逐渐成型；趁这个时候，就要对他们加倍进行训育教诲。那些有志气的人，就能经受磨炼，成就其清白正大的事业，而那些没有操守的人，从此懒散懈怠起来，就成了平庸之辈。人生在世，应该有所专业：当农民的就要算计耕作，当商贩的就要商谈买卖，当工匠的就要努力制作各种精巧的用品，技艺之士就要深入研习各种技艺，武士就要熟悉骑马射箭，而文人则要讲论儒家经书。我常见到一些士大夫耻于从事农业和商业，又缺乏手工艺方面的本事，射箭连一层铠甲也射不穿，提起笔仅仅能写出自己的姓名，整天酒足饭饱，无所事事，就这样消耗时日，来终了自己的一辈子。有的人因祖上的荫庇，得到一官半职，便自我满足，完全忘记学习；碰上有吉凶大事，议论起得失来，就张口结舌，茫然无知，如同堕入云雾中一般；在各种公私宴会的场合，别人谈古论今，赋诗言志，他却像塞住了嘴一般，低着头不吭声，只有打呵欠的份儿。有见识的旁观者，都替他害臊，恨不能钻到地底下去。这些人为何不肯勤学几年，以致终生含愧受辱呢！

梁朝全盛之时，贵游子弟①，多无学术，至于谚云："上车不落则著作②，体中何如则秘书③。"无不熏衣剃面，傅粉施朱，驾长檐车④，跟高齿屐⑤，坐棋子方褥⑥，凭斑丝隐囊⑦，列器玩于左右，从容出入，望若神仙。明经求第⑧，则顾人答策⑨；三九公宴⑩，则假手赋诗。当尔之时，亦快士也⑪。及离乱之后，朝市迁革，铨衡选举⑫，非复暴者之亲⑬；当路秉权，不见昔时之党。求诸身而无所得，施之世而无所用。被褐而丧珠，失皮而露质，兀若枯木，泊若穷流，鹿独戎马之间⑭，转死沟壑之际。当尔之时，诚驽材也。有学艺者，触地而安。自荒乱以来，诸见俘虏。虽百世小人，知读《论语》《孝经》者，尚为人师；虽千载冠冕，不晓书记者，莫不耕田养马。以此观之，安可不自勉耶？若能常保数百卷书，千载终不为小人也。

【注释】

①贵游子弟：无官职的王公贵族叫贵游。这里泛称贵族子弟。

②著作：即著作郎，古代官名。

③体中何如：当时书信中的客套话。这里是指这些贵游子弟，无才无学，仅仅能写一般问候起居的书信而已。

④长檐车：一种用车幔覆盖整个车身的车子。

⑤跟：穿屐。高齿屐：一种装有高齿的木底鞋。

⑥棋子方褥：一种用方格图案的织品制成的方形坐褥。

⑦凭：倚。隐囊：靠枕。

⑧明经：通晓经术。

⑨顾：通"雇"。答策：即对策。

⑩三九：即三公九卿，封建王朝执掌中央政权的高级官员。

⑪快士：优秀人物。

⑫铨衡：衡量，品评。选举：选拔人才。

⑬曩（nǎng）：过去。

⑭鹿独：颠沛流离的样子。

【译文】

梁朝全盛时期，那些贵族子弟大多不学无术，以至当时有谚语说："登车不跌跤，可当著作郎；会说身体好，能做秘书长。"这些贵族子弟没有一个不以香料熏衣，修剃脸面，涂脂抹粉的，他们出入乘长檐车，走路穿高齿履，坐在织有方格图案的丝绸坐褥上，倚着五彩丝线织成的靠枕，身边摆的是各种古玩，进进出出，从容自若，看上去就像神仙一般。到明经答问求取功名的时候，就雇人顶替自己去应试；参加三公九卿的宴会时，他们就借别人之手来帮自己作诗。在那种时候，他们倒也像个人物。等到动乱来临，朝代更替之后，负责考察选拔官吏的，不再是过去的亲信；在朝中执掌大权的，再不见旧日的朋友。这时候，这些贵族子弟们想依靠自己，又一无所长，想在社会上发挥作用，又没有本事。他们只能身穿粗布衣服，卖掉家中的珠宝，失去华丽的外表，露出本来的真面目，就好像没有树叶的枯木，又像即将干涸的河流。他们在乱军中颠沛流离，辗转于荒沟野壑之中。在这种时候，这些贵族子弟就成了实实在在的蠢材。而那些有学问有手艺的人，走到哪里都可以安居。自从兵荒马乱以来，我见过不少俘虏，有些人虽然世代都是平民百姓，但由于懂得《论语》《孝经》，还可以给别人当老师；有些人虽然是世代相传的世家子弟，但由于不会书写，最终沦为耕田养马的平民。由此看来，怎么能不努力学习呢？家中如果能保留几百卷书，就是再过一千年，后人也不会沦为贫贱之人。

　　夫明"六经"之指①，涉百家之书，纵不能增益德行，敦厉风俗②，犹为一艺，得以自资。父兄不可常依，乡国不可常保，一旦流离，无人庇荫，当自求诸身耳。谚曰："积财千万，不如薄伎在身③。"伎之易习而可贵者，无过读书也。世人不问愚智，皆欲识人之多，见事之广，而不肯读书，是犹求饱而懒营馔④，欲暖而惰裁衣也。夫读书之人，自羲、农已来，宇宙之下，凡识几人，凡见几事，生民之成败好恶⑤，固不足论，天地所不能藏，鬼神所不能隐也。

【注释】

①六经：指《诗》《书》《礼》《乐》《易》《春秋》六部儒家经典。

②敦厉：敦促劝励。

③伎：技艺，才能。

④馔（zhuàn）：食物。

⑤生民：百姓。

【译文】

通晓"六经"要旨，涉猎百家著述，即使不能增广个人的道德操行，劝勉世风习俗，也不失为一种才艺，可用以自谋生计。父亲兄长是不能长期依靠的，家乡邦国不能常保无事，一旦流离失所，没有人来庇护资助你时，就该自己设法了。俗话说："积财千万，不如薄伎在身。"各种技艺中最容易学会而又值得推崇的本事，无过于读书。世人不管愚蠢还是聪明，都希望认识的人多，见识的事广，但却又不肯读书，这就好比想要吃饱却懒得做饭，想要身体暖和却又懒于裁衣一样。那些读书的人，从伏羲氏、神农氏以来，在这世界上，所见多少人，所识多少事，一般人的成败好恶，自然不用说，就是天地不能隐藏，鬼神的事也瞒不过他们。

有客难主人曰①："吾见强弩长戟②，诛罪安民，以取公侯者有矣；文义习吏，匡时富国，以取卿相者有矣；学备古今，才兼文武，身无禄位，妻子饥寒者，不可胜数，安足贵学乎？"主人对曰："夫命之穷达，犹金玉木石也；修以学艺，犹磨莹雕刻也③。金玉之磨莹，自美其矿璞④；木石之段块，自丑其雕刻。安可言木石之雕刻，乃胜金玉之矿璞哉？不得以有学之贫贱，比于无学之富贵也。且负甲为兵，咋笔为吏⑤，身死名灭者如牛毛，角立杰出者如芝草⑥；握素披黄⑦，吟道咏德，苦辛无益者如日蚀，逸乐名利者如秋荼⑧，岂得同年而语矣⑨。且又闻之：生而知之者上，学而知之者次。所以学者，欲其多知明达耳。必有天才，拔群出类，为将则暗与孙武、吴起同术⑩，执政则悬得管仲、子产之教⑪，虽未读书，吾亦谓之学矣。今子即不能然，不师古之踪迹，犹蒙被而卧耳。

【注释】

①难（nàn）：诘难。主人：作者自称。

②弩（nǔ）：一种用机械力量发射的弓。戟（jǐ）：古代的一种兵器。

③磨莹：磨冶。

④矿：未经冶炼的金属。璞：未经雕琢的玉石。

⑤咋笔：操笔。

⑥角立：像角一样挺立。芝草：即灵芝草。

⑦素：即绢素。黄：即黄卷。素、黄均代指书籍。

⑧荼：菅茅等植物的白花，因其秋天花开茂盛，故文中以秋荼比喻繁多。

⑨同年而语：即相提并论。

⑩孙武、吴起：春秋时期著名军事家。

⑪管仲、子产：春秋时著名政治家，管仲相齐，子产相郑。

【译文】

有客人诘难我说："有些人手持强弓长戟，去诛灭罪恶之人，安抚黎民百姓，以此博取公侯爵位；有些人阐释礼仪法度，研习吏道，匡扶时世，富邦强国，以此博取卿相职位；而学贯古今，文武兼备，却身无俸禄官爵，妻子儿女挨饿受冻的人，却多得数不清，由此看来，学习又有什么值得重视的呢？"我回答说："一个人的命运是困厄还是显达，就好比金玉与木石；研习学问，就好比琢磨金、玉，雕刻木、石。金、玉经过琢磨，就比未经冶炼的矿、璞更美；一段木头、一块石头，总是比经过雕刻的要丑陋。但怎么可以说经过雕刻的木、石，就胜过未经琢磨的金、玉呢？所以，不能以有学问的人的贫贱，去和没学问的人的富贵相比。况且，那些披挂铠甲去当兵，口含笔管充任小吏的人，身死名灭者多如牛毛，脱颖而出者少如灵芝仙草；勤奋读书，修养品性，含辛茹苦而没有获益的人就像日蚀那样少见，而闲适安乐、追名逐利的人却像秋天的荼花那样繁多，哪能够把二者相提并论呢？况且我又听说：生下来就明白事理的是天才，通过学习才明白事理的是次一等人。人之所以要学习，就是想使自己多明白些道理而已。如果说一定有天才存在的话，那就是出类拔萃的人，作为将领，他们天生具备了像孙武、吴起那样的军事谋略；作为执政者，他们先天就获得了管仲、子产的政教才干，即使他们没有读过书，我也要说他们是有学问的。您现在没有这种天分，再不去学习古人的做法，就好比蒙着被子睡觉，什么都不知道了。"

人见邻里亲戚有佳快者①，使子弟慕而学之，不知使学古人，何其蔽也哉！世人但知跨马被甲，长矟强弓②，便云我能为将；不知明乎天道，辨乎地利，比量逆顺，鉴达兴亡之妙也。但知承上接下，积财聚谷，便云我能为相；不知敬鬼事神，移风易俗，调节阴阳，荐举贤圣之至也③。但知私财不入，公事夙办，便云我能治民；不知诚己刑物④，执辔如组⑤，反风灭火⑥，化鸱为凤之术也⑦。但知抱令守律，早刑晚舍⑧，便云我能平狱；不知同辕观罪⑨，分剑追财⑩，假言而奸露，不问而情得之察也。爰及农商工贾，厮役奴隶，钓鱼屠肉，饭牛牧羊，皆有先达，可为师表，博学求之，无不利于事也。

【注释】

①佳快：优秀的意思。

②矟（shuò）：即槊，古代的兵器。

③至：周密。

④刑物：给人做出榜样。

⑤执辔（pèi）如组：本指马车驾得好，喻指御民有方。辔，马缰绳。组，用丝织成的宽带子。

⑥反：同"返"，回的意思。《后汉书·儒林传》载江陵令刘昆向火叩头，能降雨止风。

⑦鸱（chī）：即猫头鹰，食其母，古人视为恶鸟。《后汉书·循吏传》载仇览感化陈元孝母之事，时人有化鸱为凤之誉。

⑧早刑晚舍：用刑宁早，纵舍宁迟。

⑨同辕观罪：将犯人系在同一车辕上，使其明白自己所犯罪行。

⑩分剑追财：《风俗通》载沛郡富人临死之际，将家财全部交给女儿，并给女儿一把剑，说等她弟弟长到十五岁时，将剑还给弟弟。弟弟长到十五岁时，姐姐不肯还剑。于是打官司。太守何武将家财全部判给弟弟。说那个父亲是怕女儿害弟弟，所以等儿子长到十五岁时，让他索回剑。剑的寓意是决断。

【译文】

人们看到乡邻亲戚中有优秀的人物，就让自己的子弟钦慕他们，向他们学习，却不知道让自己的子弟向古人学习，这是多么糊涂啊？世人只知骑骏马，披铠甲，手持长矛强弓，就认为自己能当将军，却不知道了解天时，洞悉地理，铨衡形势优劣，审察把握兴盛衰亡的种种奥妙。一般人只知道当宰相的禀承旨意，统领百官，为国积财储粮，就说自己也能当宰相；却不知道侍奉鬼神，移风易俗，调节阴阳，荐贤举能的种种周密的工作。只知道地方官不能聚敛私财，公事尽快办理，就说自己能治理百姓；却不知道诚心待人，为人楷模，御民有术，止风灭火，变恶为善的种种方法。只知道依照法令条律，判刑宜早，赦免宜迟，就说自己能秉公办案；却不知道同辕观罪、分剑追财，用假言诱使奸诈者暴露，不用反复审问而弄清案情。推而广之，甚至那些农夫、商贾、工匠、厮役、僮仆、渔民、屠夫，喂牛的、放羊的，他们中间都有杰出之士，可以作为学习的榜样，广泛地向这些人学习，对事业是有好处的。

　　夫所以读书学问，本欲开心明目，利于行耳。未知养亲者，欲其观古人之先意承颜①，怡声下气②，不惮劬劳③，以致甘腝④，惕然惭惧，起而行之也。未知事君者，欲其观古人之守职无侵，见危授命，不忘诚谏，以利社稷，恻然自念，思欲效之也。素骄奢者，欲其观古人之恭俭节用，卑以自牧⑤，礼为教本，敬者身基，瞿然自失⑥，敛容抑志也；素鄙吝者，欲其观古人之贵义轻财，少私寡欲，忌盈恶满，赒穷恤匮⑦，赧然悔耻，积而能散也；素暴悍者，欲其观古人之小心黜己，齿弊舌存，含垢藏疾，尊贤容众，苶然沮丧⑧，若不胜衣也；素怯懦者，欲其观古人之达生委命⑨，强毅正直，立言必信，求福不回，勃然奋厉，不可恐慑也：历兹以往，百行皆然。纵不能淳，去泰去甚⑩。学之所知，施无不达。世人读书者，但能言之，不能行之，忠孝无闻，仁义不足；加以断一条讼，不必得其理；宰千户县⑪，不必理其民；问其造屋，不必知楣横而梲竖也⑫；问其为田，不必知稷早而黍迟也；吟啸谈谑，讽咏辞赋，事既优闲，材增迂诞，军国经纶，略无施用，故为武人俗吏所共嗤诋⑬，良由是乎！

【注释】

①先意承颜：指孝子先父母之意而顺承其志。

②怡声下气：指声气和悦，形容恭顺的样子。

③劬（qú）劳：劳累。

④胹（ér）：肉烂熟。

⑤卑以自牧：以谦卑自守。

⑥瞿（jù）然：惊愕的样子。

⑦赒（zhōu）：周济，救济。

⑧茶（nié）然：疲劳的样子。

⑨达生：不受世务牵累。委命：听任命运支配。

⑩去泰去甚：去其过甚。

⑪千户县：指最小的县。

⑫楣：房屋的横梁。棁（zhuō）：梁上短柱。

⑬嗤（chī）诋：讥笑嘲骂。

【译文】

　　人之所以要读书学习，本来是为了开启心智，提高认识力，以利于自己的行动。对那些不知道如何奉养父母的人，让他们看看古人如何体察父母心意，按父母的愿望办事；如何轻言细语，和颜悦色地与父母交谈；如何不怕劳苦，让父母吃到美味可口的食品；使他们感到惭愧，从而师法古人。对那些不知道如何侍奉国君的人，要让他们看看古人如何坚守职责，在危急关头，不惜献出性命；如何不忘自己忠心劝谏的职责，以维护国家的利益，使他们痛心地对照自己，进而想去效仿古人。对那些平时骄横奢侈的人，要让他们看看古人的恭谨俭朴，节约克制；如何以谦卑自守，以礼让为教之根本，以恭敬为立身之根，使他们震惊变色，自觉自己行为有失，从而收敛骄横的态度，抑制骄奢的心性；对那些向来浅薄吝啬的人，要让他们看看古人如何贵义轻财，少私寡欲；忌盈恶满，如何体恤救济穷人，使他们脸红，产生懊悔羞耻之心，从而做到既能积财又能散财；对那些平时暴虐凶悍的人，要让他们看看古人如何小心恭谨自我约束，懂得齿亡舌存的道理；如何含垢藏疾，尊重贤士，容纳众人，使他们气焰顿消，显出谦恭退让的样子来。对那些平时胆小懦弱的人，要让他们看看古人如何不受世事牵绊，听天由命，如何强毅正直，说话算数，如何祈求福运而不违祖道，使他们能奋发振作，无所畏惧：由此类推，各方面的品行都可采取以上方式来培养。即使不能使风气淳正，也可去掉那些过分的行为。从学习中所获取的知识，在哪里都可以运用。然而现在的读书人，只知空谈，不能行动，忠孝谈不上，仁义也欠缺，再加上他们审断一桩官司，不一定能了解其中道理；作为一个县官，不一定亲自管理过百姓；问他们怎样造房子，不一定知道楣是横着放的而梲是竖着放的；问他们怎样种田，不一定知道谷子要早下种而黄米要晚下种；整天只知道吟咏歌唱，谈笑戏谑，写诗作赋，悠闲自在，做些迂阔荒诞的事情之外，对治军治国则毫无用处，所以他们被那些武官嘲笑辱骂，确实是因为这些原因吧。

　　夫学者所以求益耳。见人读数十卷书，便自高大，凌忽长者①，轻慢同列；人疾之如仇敌，恶之如鸱枭。如此以学自损，不如无学也。

【注释】

①凌：侵犯，欺侮。

【译文】

人们学习是为了有所收获有所提高。我看见有的人读了几十卷书，就自高自大起来，冒犯长者，轻慢同辈。人们憎恶这种人像对仇敌一般，厌恶他像对鸱枭一般。像这样用学习来损害自己，还不如不学。

古之学者为己，以补不足也；今之学者为人，但能说之也。古之学者为人，行道以利世也；今之学者为己，修身以求进也。夫学者犹种树也，春玩其华，秋登其实；讲论文章，春华也，修身利行^①，秋实也。

【注释】

①修身利行：涵养德性，以利于事。

【译文】

古代求学的人是为了充实自己，以弥补自身的不足；现在求学的人是为了向别人炫耀，只能夸夸其谈。古代求学的人是为了别人，推行自己的主张以造福社会；现在求学的人是为了自身需要，提高知识水平以谋求官职。学习就像种树一样，春天可以观赏它的花朵，秋天可以摘取它的果实；讲论文章，这就好比赏玩春花；修身利行，这就好比摘取秋果。

人生小幼，精神专利①，长成已后，思虑散逸，固须早教，勿失机也。吾七岁时，诵《灵光殿赋》，至于今日，十年一理，犹不遗忘；二十之外，所诵经书，一月废置，便至荒芜矣②。然人有坎壈③，失于盛年，犹当晚学，不可自弃。孔子云："五十以学《易》，可以无大过矣。"魏武、袁遗，老而弥笃，此皆少学而至老不倦也。曾子七十乃学，名闻天下；荀卿五十始来游学，犹为硕儒；公孙弘四十余，方读《春秋》，以此遂登丞相；朱云亦四十，始学《易》《论语》；皇甫谧二十，始受《孝经》《论语》：皆终成大儒，此并早迷而晚寤也。世人婚冠未学，便称迟暮，因循面墙④，亦为愚耳。幼而学者，如日出之光；老而学者，如秉烛夜行，犹贤乎瞑目而无见者也。

【注释】

①专利：专注集中。

②荒芜：杂草丛生，田地荒废。此处指学业荒废。

③坎壈（lǎn）：困顿不得志。

④因循：守旧法而不知变更。此处指不愿再重新学习。

【译文】

人在幼小的时候，精神专注敏锐，长大成人以后，思想容易分散，因此，对孩子要及早教育，不可坐失良机。我七岁的时候，背诵《灵光殿赋》，直到今天，每隔十年温习一次，仍然没有遗忘；到了二十岁以后，我所背诵的经书，要是一个月没有温习，便到了荒废的地步。当然，人总有困厄的时候，即使在青少年时失去了求学的机会，也应在晚年时抓紧时间学习，不可自暴自弃。孔子说："五十岁学习《易》，就可以不犯大错误了。"曹操和袁遗，到老年时学习得更加专心，这些都是从小到老勤学不辍的例子。曾子七十岁时才开始学习，最后名闻天下；荀子五十岁才开始到齐国游学，仍然成为大学者；公孙弘四十多岁才开始读《春秋》，后来终于当了丞相；朱云也是四十岁才开始学《易经》《论语》的，皇甫谧二十岁才开始学习《孝经》《论语》：他们最后都成了大学者，这些都是早年没有用功而晚年醒悟且立志成才的例子。一般人到成年后还未开始学习，就说太晚了，于是一天天混下去就好像面壁而立的人，什么也看不见，这实在是愚蠢。从小就学习的人，就好像日出的光芒；到老年才开始学习的人，就好像手持蜡烛在夜间行走，但总比闭着眼睛什么都看不见的人强。

　　学之兴废，随世轻重。汉时贤俊，皆以一经弘圣人之道，上明天时，下该人事①，用此致卿相者多矣。末俗已来不复尔②，空守章句③，但诵师言，施之世务，殆无一可。故士大夫子弟，皆以博涉为贵，不肯专儒。梁朝皇孙以下，总丱之年④，必先入学，观其志尚，出身已后⑤，便从文史，略无卒业者。冠冕为此者⑥，则有何胤、刘瓛、明山宾、周舍、朱异、周弘正、贺琛、贺革、萧子政、刘绍等，兼通文史，不徒讲说也⑦。洛阳亦闻崔浩、张伟、刘芳，邺下又见邢子才：此四儒者，虽好经术，亦以才博擅名。如此诸贤，故为上品，以外率多田野间人，音辞鄙陋，风操蚩拙⑧，相与专固，无所堪能，问一言辄酬数百，责其指归⑨，或无要会⑩。邺下谚云："博士买驴，书券三纸，未有驴字。"使汝以此为师，令人气塞。孔子曰："学也禄在其中矣。"今勤无益之事，恐非业也。夫圣人之书，所以设教，但明练经文，粗通注义，常使言行有得，亦足为人；何必"仲尼居"即须两纸疏义，燕寝讲堂⑪，亦复何在？以此得胜，宁有益乎？光阴可惜，譬诸逝水。当博览机要，以济功业；必能兼美，吾无间焉⑫。

【注释】

①该：备具完备。

②末俗：末世的风俗。

③章句：古书的章节与句子。

④总丱（guàn）之年：指童年时代。丱，儿童束发成两角的样子。

⑤出身：指出仕。

⑥冠冕：此处为仕宦的代称。

⑦讲说：讲论说解。

⑧蚩：无知的样子。

⑨指归：意旨，意向。

⑩要会：要旨的意思。

⑪燕寝：闲居之处。

⑫无间：无话可说。

【译文】

学习风气的兴盛或衰败，随社会风气变化而变化。汉朝的贤士俊才们，都靠精通一部经书来弘扬圣人之道，上可洞察天命，下可贯通人事，他们中凭着这个而做得高官的人很多。汉末风气改变以后就不复如此，读书人都空守章句之学，只知背诵老师讲过的，如果靠这些东西来处理实际事务，大概不会有任何用处。因此，后来的士大夫子弟都以广泛涉猎各种典籍为贵，不肯专攻一经。梁朝从皇孙以下，在儿童时就一定先让他们入学读书，观察他们的志向，到步入仕途的年龄后，就去参与文官的事务，没有一个是把学业坚持到底的。既当官又能坚持学业的，有何胤、刘瓛、明山宾、周舍、朱异、周弘正、贺琛、贺革、萧子政、刘绍等人，这些人兼通文史，并不仅仅只会讲论经书而已。我也听说洛阳有崔浩、张伟、刘芳，邺下还有邢子才：这四位学者，虽然都喜好经术，但也以才识广博而闻名。以上的诸贤士，是为学者中的上品，除此之外就大都是些山野村夫，这些人语言鄙陋，没有操守，互相之间固执己见，什么事也不能胜任。你问他一句话，他会答出几百句，若要问他其中的意旨究竟是什么，他大都不得要领。邺下有谚语说："博士去买驴，契约写了三大张，还不见写出个驴字。"如果让你以这种人为师，还不把人气死。孔子说："学习吧，俸禄就在其中啊。"而今这些人却在那些毫无益处的事情上下功夫，这恐怕不是正道吧。圣人的书，是用来教育人的，只要能熟读经文，粗通注文之义，使之对自己的言行经常有所帮助，也就足以在世上为人了；何必对"仲尼居"三个字就要写两张纸的疏文来解释呢，你说指闲居之处，他说指讲习之所，现在还存在么？在这种问题上，争个你输我赢，有什么好处呢？光阴可惜，就像流水般一去不返，我们应当广泛阅读书中那些精要之处，以求对自己的事业有所助益；如果你们能把博览与专精结合起来，那我就十分满意，再无话可说了。

　　俗间儒士，不涉群书，经纬之外①，义疏而已。吾初入邺，与博陵崔文彦交游，尝说《王粲集》中难郑玄《尚书》事。崔转为诸儒道之，始将发口②，悬见排蹙③，云："文集只有诗赋铭诔，岂当论经书事乎？且先儒之中，未闻有王粲也。"崔笑而退，竟不以粲集示之。魏收之在议曹，与诸博士议宗庙事，引据《汉书》，博士笑曰："未闻《汉书》得证经术。"收便忿怒，都不复言，取《韦玄成传》，掷之而起。博士一夜共披寻之，达明，乃来谢曰："不谓玄成如此学也。"

【注释】

①经纬：经书和纬书。经书指儒家经典著作，纬书是汉代混合神学附合儒家经义的书。

②发口：开口。

③排蹙（cù）：斥责。

【译文】

世间的读书人，不能博览群书，除了研读经书和纬书外，就是学学注疏而已。我初到邺城时，与博陵的崔文彦有交往，曾谈起《王粲集》中关于王粲诘问郑玄注解《尚书》的事。崔文彦转而给几位读书人谈起此事，才刚开口，就被他们斥责道："文集中只有诗、赋、铭、诔之类文体，难道还会论及经书的问题吗？况且在先辈儒士之中，也没听说过王粲这人啊。"崔文彦笑了笑便走了，终究未把《王粲集》给他们看。魏收为议曹时，与各位博士论及有关宗庙的事情，并引《汉书》为据，众博士笑着说："我们没有听说过《汉书》可以验证经学。"魏收很生气，一言不发，拿出《汉书·韦玄成传》，扔给他们就走了。博士们在一起用了一夜来研读此书，天亮时，于是前来向魏收道歉说："想不到韦玄成还有这等学问啊。"

夫老、庄之书，盖全真养性①，不肯以物累己也②。故藏名柱史③，终蹈流沙；匿迹漆园，卒辞楚相，此任纵之徒耳。何晏、王弼④，祖述玄宗，递相夸尚，景附草靡⑤，皆以农、黄之化⑥，在乎己身，周、孔之业，弃之度外。而平叔以党曹爽见诛，触死权之网也；辅嗣以多笑人被疾，陷好胜之阱也；山巨源以蓄积取讥⑦，背多藏厚亡之文也；夏侯玄以才望被戮，无支离臃肿之鉴也⑧；荀奉倩丧妻⑨，神伤而卒，非鼓缶之情也⑩；王夷甫悼子⑪，悲不自胜，异东门之达也⑫；嵇叔夜排俗取祸⑬，岂和光同尘之流也⑭，郭子玄以倾动专势⑮，宁后身外己之风也；阮嗣宗沉酒荒迷⑯，乖畏途相诫之譬也；谢幼舆赃贿黜削⑰，违弃其余鱼之旨也⑱：彼诸人者，并其领袖，玄宗所归。其余桎梏尘滓之中，颠仆名利之下者，岂可备言乎！直取其清谈雅论，剖玄析微，宾主往复，娱心悦耳，非济世成俗之要也。洎于梁世，兹风复阐，《庄》《老》《周易》，总谓劚"三玄"。武皇、简文，躬自讲论。周弘正奉赞大猷⑲，化行都邑，学徒千余，实为盛美。元帝在江、荆间，复所爱习，召置学生，亲为教授，废寝忘食，以夜继朝，至乃倦剧愁愤，辄以讲自释。吾时颇预末筵，亲承音旨，性既顽鲁，亦所不好云。

【注释】

①全真：保持本性。

②以物累己：因为外物而损伤自己。

③柱史：柱下史的省称，为周秦时官名，相当于汉代以后的御史。

④何晏：字平叔，魏代名士。王弼：字辅嗣，魏代名士。

⑤草靡：赞同，臣服。

⑥农、黄：神农氏和黄帝。

⑦山巨源：山涛名巨源，竹林七贤之一。

⑧支离：《庄子》书中寓言人物，形体怪异臃肿。

⑨荀奉倩：荀粲，字奉倩，魏名士。

⑩缶（fǒu）：瓦器。

⑪王夷甫：王衍，字夷甫，西晋名士。

⑫东门：即东门吴，战国时期秦国人，为人达观乐命，儿子死后还表现得很乐观。后来成为达观者的通称。事见《战国策·秦策》。

⑬嵇叔夜：嵇康，字叔夜。

⑭和光同尘：把光荣和尘浊同样看待。《老子》："和其光，同其尘。"

⑮郭子玄：郭象，字子玄。

⑯阮嗣宗：阮籍，字嗣宗。

⑰谢幼舆：谢鲲，字幼舆。

⑱余鱼：比喻多余的东西。《淮南子·齐俗训》："惠子从车百乘过孟诸，庄子见之，弃之余鱼。"

⑲大猷（yóu）：治国的大道。

【译文】

老子、庄子的书，讲的是如何保持本真、修养品性，不肯以身外之物来损伤自己。所以老子隐姓埋名做周柱下史，最后隐遁于沙漠之中；庄子隐居漆园为小吏，最终拒绝了楚威王召他为相的邀请，他们都是自由自在、无拘无束的人啊。后来有何晏、王弼，宣讲道教的教义，当时的人如影子依附于形体、草木顺着风向一般，都以神农、黄帝的教化来装扮自身，而将周公、孔子的学业置之度外。然而何晏因为党附曹爽而被诛杀，这是死在贪欲的罗网上了；王弼以自己的所长去讥笑别人而遭来怨恨，掉进了争强好胜的陷阱；山涛因为贪吝积敛而遭到世人议论，这是违背了聚敛越多丧失越大的古训；夏侯玄因为自己的才能声望而遭到杀害，这是因为没有从庄子所说的支离和瘫肿大树等无用之材得以自保的寓言中汲取教训；荀粲在丧妻之后，因伤心而死，这就不具有庄子在丧妻之后敲缶而歌的超脱情怀；王衍因哀悼儿子而悲不自胜，这就不同于东门吴面对丧子之痛所抱的那种达观态度了；嵇康因排斥俗流而招致杀身之祸，这哪能算是"和其光，同其尘"的人呢；郭象因声名显赫而最终走上权势之路，也没有达到甘于人后的境界；阮籍纵酒迷乱，违背了险途应该小心谨慎的古训；谢鲲因贪污而丢官，违背了节制物欲的宗旨。以上诸人，都是玄学中人心所向的领袖人物。至于其他那些在尘世污秽中身套名缰利锁，在名利场中摸爬滚打之辈，就更不用说了！这些人不过是选取老、庄书中的那些清谈雅论，剖析其中的玄妙细策之处，宾主之间相互问答，只求娱心悦耳，但这并不是有利于形成良好社会风气的事。到了梁朝，这种崇尚道教的风气又流行起来，当时，《庄子》《老子》《周易》被总称为"三玄"。梁武帝和简文帝都亲自加以讲论。周弘正奉君主之命讲述以道教治国的大道理，其风气影响到都城和大小城镇，门徒达到数千人，确实是盛况空前的事。后来元帝在江陵、荆州的时候，也十分爱好并熟悉此道，并召集了学生，亲自为他们讲解，达到夜以继日废寝忘食的地步，甚至在他极度疲倦，或忧愁烦闷的时候，也靠玄学来自我排解。我当时偶尔也在末位就座，亲耳聆听元帝的教诲，然而我这人天资愚笨，对此又缺乏兴趣，并没有特别的收益。

　　齐孝昭帝侍娄太后疾，容色憔悴，服膳减损。徐之才为灸两穴，帝握拳代痛，爪入掌心，血流满手。后既痊愈，帝寻疾崩，遗诏恨不见太后山陵之事①。其天性至孝如彼，不识忌讳如此，良由无学所为。若见古人之讥欲母早死而悲哭之，则不发此言也。孝为百行之首，犹须学以修饰之，况余事乎！

【注释】

①山陵：帝王或皇后的坟墓。此指孝昭帝母亲的丧事。

【译文】

　　北齐的孝昭帝侍奉病重的娄太后，因担忧而脸色憔悴，茶饭不思。徐之才为太后的两个穴位针灸，孝昭帝在一旁握拳代痛，指甲刺入掌心，以致血流满手。太后病愈后不久，孝昭帝却因病而亡，他在遗诏中说：最遗憾的事是不能亲自为太后操办后事，以尽孝心。他的天性是这样孝顺，却如此不知忌讳，这全都是不学习造成的。他如果从书中看过古人讽刺那些盼望母亲早死便提早痛哭的人的记载，就不会在遗诏中说出那样的话了。孝为百行之首，尚且须要通过学习去培养完善，何况其他的事呢！

　　梁元帝尝为吾说："昔在会稽，年始十二，便已好学。时又患疥①，手不得拳，膝不得屈。闲斋张葛帏避蝇独坐②，银瓯贮山阴甜酒，时复进之，以自宽痛。率意自读史书，一日二十卷，既未师受，或不识一字，或不解一语，要自重之，不知厌倦。"

帝子之尊，童稚之逸，尚能如此，况其庶士，冀以自达者哉？

【注释】
①疥：疥疮，一种皮肤病。
②葛帏：用葛布制成的围帐。

【译文】

梁元帝曾经对我说："我从前在会稽郡的时候，年龄才十二岁，就已经喜欢学习了。当时我身患疥疮，手不能握拳，膝不能弯曲。我在闲斋中挂上葛布制成的帐子以遮挡蚊蝇，自己独自坐在帐中，身边的小银盆内装着山阴产的甜酒，不时喝上几口，以此减轻疼痛。这时我就随意读一些史书，一天读二十卷。因为没有老师教我，有时候满纸读下来，竟一个字也不认识，一句话也不理解，可我就是喜欢看，从来不知厌倦。"元帝以帝王之子的尊贵，孩童的闲适，尚且能够如此用功，何况那些希望通过学习谋求腾达的读书人呢？

古人勤学，有握锥投斧①，照雪聚萤②，锄则带经，牧则编简，亦为勤笃。梁世彭城刘绮，交州刺史勃之孙，早孤家贫，灯烛难办，常买荻尺寸折之，然明夜读。孝元初出会稽，精选寮寀③，绮以才华，为国常侍兼记室④，殊蒙礼遇，终于金紫光禄。义阳朱詹，世居江陵，后出扬都，好学，家贫无资，累日不爨⑤，乃时吞纸以实腹。寒无毡被，抱犬而卧，犬亦饥虚，起行盗食，呼之不至，哀声动邻，犹不废业，卒成学士，官至镇南录事参军，为孝元所礼。此乃不可为之事，亦是勤学之一人。东莞臧逢世，年二十余，欲读班固《汉书》，苦假借不久，乃就姊夫刘缓乞丐客刺书翰纸末⑥，手写一本，军府服其志尚，卒以《汉书》闻。

【注释】

①握锥：指战国时苏秦以锥刺股之事，比喻用功刻苦。事见《战国策·秦策》。投斧：指文党投斧求学之事。文党和人一起到山中砍树，和人说：我想到远方求学。现在我来试一下，我把斧子扔出去，一定会挂在高高的树上。文党仰头扔斧子，果然挂在了树上，他就到长安求学去了。

②照雪：指晋人孙康映雪读书的事。聚萤：指晋人车胤借萤火虫之光读书的事。车胤读书十分用功，因为家里穷常常买不起灯油，夏天的时候他就把捉来的萤火虫装在白丝袋里照明。事见《晋书·列传第五十三》。

③寮案（liáocǎi）：官吏。

④记室：官名，掌管章表书记文檄。

⑤爨（cuàn）：烧火煮饭。

⑥客刺：名刺，名片。

【译文】

古代的人非常勤奋好学，有用锥子刺大腿防止瞌睡的苏秦；有投斧于高树下决心到长安求学的文党；有在夜间靠雪地反光勤读的孙康；有用袋子收聚萤火虫用来照读的车胤；汉代的倪宽、常林耕种时也不忘带上经书；还有路温舒，在放牛时就摘蒲草截成小简，用来写字，他们都是勤奋学习的人。梁朝彭城的刘绮，是交州刺史刘勃的孙子，从小死了父亲，家境贫寒，无钱购买灯烛，就买来荻草，把它的茎折成尺把长，点燃后照明夜读。梁元帝在任会稽太守时，精心选拔了一批官吏，刘绮以其才华当上了太子府中的国常侍兼记室，很受元帝的器重，最后官至金紫光禄大夫。义阳的朱詹，祖居江陵，后来到了建业，勤学，但家中贫穷无钱，有时连续几天都不能生火煮饭，就经常吞食废纸充饥。天冷没有被盖，就抱着狗取暖睡觉，狗也饿得受不了，跑到外面去偷东西吃，朱詹大声呼唤也不见它回家，他哀痛的喊声惊动了邻里，尽管如此，他依旧没有荒废学业，终于成为学士，官至镇南录事参军，为元帝所尊重。这不是一般人所能做到的，也是一个勤学的典型。东莞人臧逢世，二十岁时，想读班固的《汉书》，但苦于借来的书不能长久阅读，就向姐夫刘缓要来名片、书札的边幅纸头，亲手抄得一本。军府中的人都佩服他的志气，后来他终于以研究《汉书》而闻名于世。

齐有宦者内参田鹏鸾①，本蛮人也。年十四五，初为阉寺②，便知好学，怀袖握书，晓夕讽诵。所居卑末，使役苦辛，时伺间隙，周章询请。每至文林馆③，气喘汗流，问书之外，不暇他语。及睹古人节义之事，未尝不感激沉吟久之。吾甚怜爱，倍加开奖。后被赏遇，赐名敬宣，位至侍中开府。后主之奔青州，遣其西出，参伺动静，为周军所获。问齐主何在，绐云④："已去，计当出境。"疑其不信，欧捶服之，每折一支⑤，辞色愈厉，竟断四体而卒。蛮夷童丱，犹能以学成忠，齐之将相，比敬宣之奴不若也。

【注释】

①内参：太监。

②阍（hūn）寺：阍人、寺人，皆为宫门守门人。

③文林馆：官署名，北齐置，掌著作及校理典籍，兼训生徒，置学士。

④绐（dài）：哄骗，欺骗。

⑤支：同"肢"，肢体。

【译文】

北齐有位叫田鹏鸾的太监，本是少数民族。年纪有十四五岁，刚开始做太监的时候，就知道好学，随身带着书，早晚诵读。他所处的地位十分低下，差役非常辛苦，但他仍能经常利用空闲时间，四处请教。每次到文林馆，气喘汗流，除了询问书中不懂的地方外，顾不得讲其他的话。每当他看到古人讲气节、重义气的事，就十分激动，连声赞叹，心情久久不能平静。我很喜欢他，对他倍加教导勉励。后来他得到皇帝的赏识，赐名为敬宣，职至侍中开府。齐后主逃往青州的时候，派他到西边去侦查动静，结果被北周军队俘获。周军问他后主在什么地方，田鹏鸾欺骗他们说："已经离开，恐怕已出境了。"周军不信他的话，就痛打他，企图使他屈服；他的四肢每被打断一条，他的声音和神色就越是严厉，最后终因四肢断裂而死。一个偏远民族的孩子，尚且能够通过学习变成忠臣，北齐的将相们，连敬宣这样的奴才都不如。

邺平之后，见徙入关①。思鲁尝谓吾曰："朝无禄位，家无积财，当肆筋力，以申供养。每被课笃②，勤劳经史，未知为子，可得安乎？"吾命之曰："子当以养为心，父当以学为教。使汝弃学徇财，丰吾衣食，食之安得甘？衣之安得暖？若务先王之道，绍家世之业，藜羹缊褐③，我自欲之。"

【注释】

①徙（xǐ）：迁移。

②笃：察视，督促。

③藜羹：用嫩藜煮成的羹饭，此指粗劣的食物。缊（yùn）褐：泛指贫者所穿的粗陋衣服。

【译文】

邺城被北周军队平定之后，我们被逼迁徙至关内。那时思鲁曾经对我说："我们在朝廷没人当官，家里也没有积财，我应当尽力干活赚钱，以维持家用。现在，我却常被督促着读书，致力于经史之学，你可知道我这做儿子的，如何能安心学习呢？"我教诲他说："当儿子的固然应当把供养双亲的责任放在心上，当父亲的更应当把督促子女学习当做教育他们成人的头等大事。如果让你放弃学业去赚取钱财，即使我能丰衣足食，我吃起饭来怎么会感到香甜？穿起衣服来怎么会感到温暖呢？如果你致力于先王之道，继承我们家祖辈相传的读书传统，那么，即使吃粗茶淡饭，穿麻布衣裳，我也十分乐意。"

《书》曰："好问则裕。"《礼》云："独学而无友，则孤陋而寡闻。"盖须切磋相起明也①。见有闭门读书，师心自是②，稠人广坐，谬误差失者多矣。《穀梁传》称公子友与莒挐相搏，左右呼曰："孟劳！"孟劳者，鲁之宝刀名，亦见《广雅》。近在齐时，有姜仲岳谓："孟劳者，公子左右，姓孟名劳，多力之人，为国所宝。"与吾苦诤。时清河郡守邢峙，当世硕儒，助吾证之，赧然而伏。又《三辅决录》云，灵帝殿柱题曰："堂堂乎张③，京兆田郎。"盖引《论语》，偶以四言，目京兆人田凤也。有一才士，乃言："时张京兆及田郎二人皆堂堂耳。"闻吾此说，初大惊骇，其后寻愧悔焉。江南有一权贵，读误本《蜀都赋》注，解"蹲鸱，芋也"，乃为"羊"字；人馈羊肉，答书云："损惠蹲鸱④。"举朝惊骇，不解事义，久后寻迹，方知如此。元氏之世⑤，在洛京时，有一才学重臣，新得《史记音》，而颇纰缪，误反"颛顼"字，顼当为许录反，错作许缘反，遂谓朝士言："从来谬音'专旭'，当音'专翾'耳。"此人先有高名，翕然信行⑥；期年之后，更有硕儒，苦相究讨，方知误焉。《汉书·王莽赞》云："紫色蛙声，余分闰位。"谓以伪乱真耳。昔吾尝共人谈书，言乃王莽形状，有一俊士，自诩史学，名价甚高，乃云："王莽非直鸱目虎吻，亦紫色蛙声。"又《礼乐志》云："给太官桐马酒。"李奇注："以马乳为酒也，捶挏乃成⑦。"二字并从手。捶挏，此谓撞捣挺挏之，今为酪酒亦然。向学士又以为种桐时，太官酿马酒乃熟。其孤陋遂至于此。太山羊肃，亦称学问，读潘岳赋"周文弱枝之枣"，为杖策之杖；《世本》"容成造歷"，以歷为碓磨之磨。

【注释】

①起：启发，开导。

②师心自是：本指以己意为师，后指固执己见，自以为是。

③堂堂乎张：出自《论语·子张》，原文为："曾子曰：'堂堂乎张也，难与并为仁矣。'"

④损惠：谢人馈送礼物的敬辞。意谓对方降抑身份而加惠于己。

⑤元氏之世：指北魏。元氏为北魏皇帝之姓。

⑥翕然：聚集的样子。

⑦捶挏（chòngdòng）：上下撞击。

【译文】

《尚书》上说："喜欢提问则知识充足。"《礼经》上说："独自学习而没有朋友共同商讨，就会孤陋寡闻。"看来，学习要共同切磋，互相启发，才能更加明白。我就见过不少闭门读书，自以为是，在大庭广众之中口出谬言的人。《穀梁传》中叙述公子友与莒两人相斗，公子友左右的人大喊："孟劳！"孟劳是鲁国宝刀的名称，这个解释也见于《广雅》。最近我在齐朝的时候，有位叫姜仲岳的人说："孟劳是公子友左右的人，姓孟名劳，是位大力士，为鲁国人所看重。"他和我苦苦争辩。当时清河郡守邢峙也在场，他是当今的大学者，他帮我证实了孟劳的真实含义，姜仲岳才红着脸认输了。此外，《三辅决录》上说，汉灵帝在宫殿柱子上题的字为："堂堂乎张，京兆田郎。"这是引用《论语》中的话，而对以四言句式，用来品评京兆人田凤的。有一位才士，却解释成："当时的张京兆和田郎二人都相貌堂堂。"他听了我的上述解释后，开始非常惊骇，后来明白了又对此感到惭愧懊悔。江南有一位权贵，读了误本《蜀都赋》的注解，书中将"蹲鸱，芋也"的"芋"字错作"羊"字；因此有人馈赠他羊肉时，他就回信说："谢谢您赐我蹲鸱。"大家都感到非常惊诧，不知他用的是什么典故，经过很长时间才弄清是怎么回事。北魏时期，有一位博学而身居要职的大臣，他新近得到一本《史记音》，而其中错误很多，将"颛顼"错误地注了音，"顼"字应当注为许录反，却错注为许缘反，这位大臣就对朝中官员们说："过去人们一直把颛顼误读成'专旭'，其实应该读成'专翾'。"

这位大臣名气很大，他的意见大家当然相信并且采用。直到一年后，另一位大学者对这个词的发音苦苦研讨，才知道是那位大臣搞错了。《汉书·王莽赞》说："紫色蛙声，余分闰位。"意思是说王莽以假乱真。过去我曾经和别人谈论书籍，其中谈到王莽的长相，有一位聪明能干的人，自诩精通史学，名声身价都很高，他居然说："王莽不但长着鹰目虎嘴，而且有着紫色的皮肤，青蛙的嗓音。"再比如《礼乐志》上说："给太官捅马酒。"李奇的注解是："以马乳为酒也，捶捅乃成。"二字的偏旁都从手。所谓捶捅，这里是说把马奶上下捣击，现在做奶酒也是用这种方法。刚才提到的那位聪明人又认为李奇注解的意思是：要等种桐树的时候，太官造的马酒才熟。他的学识竟浅陋到如此地步。泰山的羊肃，也称得上有学问的人，他读潘岳赋中"周文弱枝之枣"一句，把"枝"字误读作"杖策"的"杖"字；他读《世本》中"容成造歷"一句，把"歷"字认作"碓磨"的"磨"字。

谈说制文，援引古昔，必须眼学，勿信耳受。江南闾里间，士大夫或不学问，羞为鄙朴，道听途说，强事饰辞：呼徵质为周、郑，谓霍乱为博陆，上荆州必称陕西，下扬都言去海郡，言食则糊口，道钱则孔方①，问移则楚丘②，论婚则宴尔③，及王则无不仲宣④，语刘则无不公幹⑤。凡有一二百件，传相祖述⑥，寻问莫知原由，施安时复失所⑦。庄生有乘时鹊起之说，故谢朓诗曰："鹊起登吴台。"吾有一亲表，作《七夕》诗云："今夜吴台鹊，亦共往填河。"《罗浮山记》云："望平地树如荠。"故戴暠诗云："长安树如荠。"又邺下有一人《咏树》诗云："遥望长安荠。"又尝见谓矜诞为夸毗⑧，呼高年为富有春秋⑨，皆耳学之过也。

【注释】

①孔方：钱的代称。晋鲁褒《钱神论》："亲爱如兄，字曰孔方。"

②楚丘：代指迁移。《左传》（闵公二年）："齐桓公迁邢于夷仪，封卫于楚丘。邢迁如归，卫国忘亡。"

③宴尔：欢乐的样子，代指新婚。《诗经·邶风·谷风》："宴尔新昏，如兄如弟。"

④仲宣：王粲，字仲宣。

⑤公幹：刘桢，字公幹。

⑥祖述：效法遵循前人的行为或学说。

⑦失所：使用不当，用的不是地方。

⑧夸毗：以阿谀卑屈取媚于人。

⑨富有春秋：指年纪小。春秋，指年数。

【译文】

谈话写文章，援引古代的事例，必须是自己亲眼看到的，而不是人云亦云的。江南闾里间，有些士大夫不肯努力学习，又羞于被视为没有文化的粗鄙之人，就把一些道听途说的东西拿来装饰门面。比如：把徵质说成周、郑，把霍乱叫做博陆，上荆州一定要说成去陕西，下扬都说成是去海郡，把吃饭说成糊口，把钱称之为孔方，提起迁徙就讲成楚丘，把婚姻说成晏尔，讲到姓王的人就称仲宣，谈起姓刘的人就提公幹。这些说法不下一二百种，士大夫们前后相承，互相影响。如果向他们问起这些"典故"的缘由，没有一个能答出来的；平时使用又总是用得不恰当。庄子有乘时鹊起的说法，所以谢朓的诗中就说："鹊起登吴台。"我有一位表亲，他作的一首《七夕》诗中说："今夜吴台鹊，亦共往填河。"《罗浮山记》上说："望平地树如荠。"所以戴暠的诗就说："长安树如荠。"而邺下有一个人的《咏树》诗竟说："遥望长安荠。"我还曾经见过有人把矜诞解释为夸毗，称年老为富有春秋，这些都是通过耳听获取知识、人云亦云的过错。

夫文字者，坟籍根本①。世之学徒，多不晓字：读《五经》者，是徐邈而非许慎；习赋诵者，信褚诠而忽吕忱；明《史记》者，专徐、邹而废篆籀②；学《汉书》者，悦应、苏而略《苍》《雅》。不知书音是其枝叶，小学乃其宗系③。至见服虔、张揖音义则贵之，得《通俗》《广雅》而不屑。一手之中，向背如此，况异代各人乎？

【注释】

①坟：大。

②篆籀（zhuànzhòu）：篆书。篆，指小篆。籀，指史籀大篆。

③小学：汉代为文字训诂学的专称，隋唐以后为文字
　学、训诂学、音韵学的总称。

【译文】

文字是典籍的根本。世上求学的人，很多人都不通字
义：通读《五经》的人，赞同徐邈而非议许慎；学习辞赋
的人，信服褚诠而忽略吕忱；通读《史记》的人，只对徐
野民、邹诞生的《史记音义》这类书感兴趣，却废弃了对
篆文字义的研究；学习《汉书》的人，欣赏应劭、苏林的
注解而忽略了《苍颉篇》和《尔雅》。他们不明白语音只
是文字的枝叶，而字义才是文字的根本。以致有人见了服
虔、张揖有关音义的书就十分重视，而得到同是这两人写
的《通俗文》《广雅》却不屑一顾。对同出一人之手的著作
都这样厚此薄彼，何况对不同时代不同人的著作呢？

夫学者贵能博闻也。郡国山川，官位姓族，衣
服饮食，器皿制度，皆欲根寻，得其原本；至于文
字，忽不经怀①，己身姓名，或多乖舛②，纵得不
误，亦未知所由。近世有人为子制名：兄弟皆山傍
立字，而有名峙者③；兄弟皆手傍立字，而有名机
者；兄弟皆水傍立字，而有名凝者。名儒硕学，此
例甚多。若有知吾钟之不调，一何可笑。

【注释】

①忽：轻视。经怀：留心。
②乖舛（chuǎn）：违背，错乱。

③峙：宋本作"峙"。

【译文】

求学的人都以见闻广博为贵。他们对于郡国山川、官位姓族、衣服饮食、器皿制度，都希望刨根问底，找出它们的源头来；但对于文字，却漫不经心，连自家的姓名，也往往出现谬误，即使不出错误的，也不知它们的由来。近代有些人给孩子起名：弟兄几个的名都用山作偏旁的字，其中却有叫"峙"的；弟兄几个的名都用手作偏旁的字，其中竟有取名为"机"的，兄弟几个的名都用水作偏旁的字，其中还有取名为"凝"的。在那些知名的大学者中，这类例子有很多。若后世有人能明白其中的道理，就会觉得这和晋平公与师旷讨论钟音是否和谐那件事一样，而这种事又是多么可笑啊。

吾尝从齐主幸并州^①，自井陉关入上艾县^②，东数十里，有猎闾村，后百官受马粮在晋阳东百余里亢仇城侧。并不识二所本是何地，博求古今，皆未能晓。及检《字林》《韵集》，乃知猎闾是旧䜴余聚，亢仇旧是䜴仇亭，悉属上艾。时太原王劭欲撰乡邑记注，因此二名闻之，大喜。

【注释】

①幸：特指皇帝到某处去。

②井陉（xíng）关：即井陉口，要隘名。

【译文】

我曾经跟从北齐文宣帝到并州去，从井陉关进入上艾县，县东几十里，有一个猎闾村。后来，百官又在晋阳以东百余里的亢仇城旁接受马匹粮草。大家都不知道上述两个地方原本是哪里，查阅了大量的古今书籍，都没有弄明白。直到我翻检《字林》《韵集》这两本书，才知道猎闾就是过去的䜌余聚，亢仇就是过去的馻欱亭，两地都隶属于上艾县。当时太原的王劭想撰写乡邑记注，我把这两个地方的名字说给他听，他非常高兴。

吾初读《庄子》"蟪二首"①，《韩非子》曰："虫有蟪者，一身两口，争食相龁②，遂相杀也。"茫然不识此字何音，逢人辄问，了无解者。案：《尔雅》诸书，蚕蛹名蟪，又非二首两口贪害之物。后见《古今字诂》，此亦古之虺字③，积年凝滞，豁然雾解④。

【注释】

①蟪：虫蛹。

②龁（hé）：咬。

③虺（huǐ）：毒蛇。

④雾解：像雾一样消散。

【译文】

我最初读《庄子》这本书，看到有"蟪二首"这句话，《韩非子》中也说："有一种名叫蟪的虫，一个身子有两张嘴，常常为了争夺食物而相互撕咬，以致互相残杀。"我一直不明白这个"蟪"字读成什么音，逢人就问，却没有一个人能够解答。据考证：《尔雅》等书上说，蚕蛹名叫蟪，但蚕蛹并不是那种有两个头两张嘴贪婪凶残的动物。后来我又看了《古今字诂》，才知道这个"蟪"就是古代的"蚭"字，多年来积滞在胸中的疑问，一下子便消散了。

尝游赵州，见柏人城北有一小水，土人亦不知名。后读城西门徐整碑云："洦流东指。"众皆不识。吾案《说文》，此字古魄字也，洦，浅水貌。此水汉来本无名矣，直以浅貌目之，或当即以洦为名乎？

【译文】

我曾经游览赵州，看到柏人城北有一条小河，当地人不知道叫什么名字。后来我读到城西门徐整碑的碑文，碑文里说："洦流东指。"大家都不知是什么意思。我查阅了《说文解字》，原来这个字就是古代的"魄"字。洦，指水浅的样子。这条河从汉代以来就没有名字，只是视它为一条清浅的小河，或许正好以"洦"给它命名？

世中书翰，多称勿勿，相承如此，不知所由，或有妄言此忽忽之残缺耳。案：《说文》："勿者，州里所建之旗也，象其柄及三斿之形[1]，所以趣民事[2]。故匆遽者称为勿勿[3]。"

【注释】

①斿（liú）：古代旌旗的下垂饰物。

②趣：即"促"，催促，督促。

③匆遽（jù）：匆促。

【译文】

世人的书信中常有"匆匆"这个词语，历来相承都是这样写，但不知道它的来源，有人乱下结论说这是"忽忽"的残缺字。经考证：《说文解字》上说："勿，是过去州里所树立的旗帜，这个字像旗杆和旗帜末端三条飘带的形状，是用来催促农民抓紧农事的。所以才把匆忙急迫称为'匆匆'"。

吾在益州，与数人同坐，初晴日晃，见地上小光，问左右："此是何物？"有一蜀竖就视①，答云："是豆逼耳。"相顾愕然，不知所谓。命取将来，乃小豆也。穷访蜀土，呼粒为逼，时莫之解。吾云："《三苍》《说文》，此字白下为匕，皆训粒，《通俗文》音方力反。"众皆欢悟。

【注释】

①竖：僮仆。

【译文】

我在益州的时候，曾经和几个人一块闲聊，天才刚刚放晴阳光灿烂，我看到地上有个发光的小点，就问身边的人："这是什么？"有个蜀地的僮仆走上前看了看，回答说：

"是豆逼。"大家都很惊愕，不明白他说的是什么意思。我叫他取过来，原来是个小豆。后来我遍访蜀地之人，他们都把"粒"称作"逼"，当时的人都不能解释其中原因。我说："在《三苍》《说文解字》等书中，这个字就是'白'下面加'匕'字，都解释为'粒'。《通俗文》里给它注的音是方力反。"大家明白后都十分高兴。

憨楚友婿窦如同从河州来①，得一青鸟，驯养爱玩，举俗呼之为鹖。吾曰："鹖出上党，数曾见之，色并黄黑，无驳杂也。故陈思王《鹖赋》云：'扬玄黄之劲羽。'"试检《说文》："鸧雀似鹖而青，出羌中。"《韵集》音介。此疑顿释。

【注释】

①友婿：即连襟，是同门女婿相互之间的称呼。

【译文】

憨楚的连襟窦如同从河州归来，他在那里得到一只青色的鸟，驯养得十分温顺，所有的人都称它为"鹖"。我说："鹖鸟产自上党，我曾见过多次，它的羽毛是黄黑两色，没有斑驳杂色的。所以曹植的《鹖赋》说：'鹖张开黑黄色的劲翅。'"我试着翻检《说文解字》，书上说："鸧雀和鹖形似，但它的羽毛却是青色的，出产于羌中。"《韵集》里认为这个字读音为"介"。这个问题到此就解决了。

梁世有蔡朗者讳纯，既不涉学，遂呼莼为露

葵。面墙之徒①，递相仿效。承圣中，遣一士大夫
聘齐，齐主客郎李恕问梁使曰②："江南有露葵否？"
答曰："露葵是莼，水乡所出。卿今食者绿葵菜耳。"
李亦学问，但不测彼之深浅，乍闻无以覈究③。

【注释】

①面墙之徒：如面壁而立，一无所见。比喻蒙昧无知
之人。

②主客郎：官名，主要负责对外接待。

③覈（hé）究：查验，核实。

【译文】

梁朝有个叫蔡朗的人避讳"纯"字，他又没有什么学
问，于是就把莼菜称作露葵。那些蒙昧无知的人，就跟在
后面相互效仿。承圣年间，梁朝派遣一位官员出使北齐，
北齐的主客郎李恕就问这位梁朝的使臣说："江南地区有露
葵么？"使者回答说："露葵就是莼菜，是水乡出产的植物。
您现在吃的是绿葵菜罢了。"李恕也是个有学问的人，但
是不清楚对方的学问深浅，乍一听到这个说法也无法核查
追究。

思鲁等姨夫彭城刘灵，尝与吾坐，诸子侍焉。
吾问儒行、敏行曰："凡字与谥议名同音者①，其
数多少，能尽识乎？"答曰："未之究也，请导示
之。"吾曰："凡如此例，不预研检，忽见不识，误
以问人，反为无赖所欺，不容易也。"因为说之，

得五十许字。诸刘叹曰：“不意乃尔^②！”若遂不知，亦为异事。

【注释】

①谘议：刘灵的官号。

②不意乃尔：没想到是这样的啊！

【译文】

　　思鲁等人的姨丈是彭城刘灵，他曾经与我一起闲坐，他的几个儿子在一旁陪着。我问儒行、敏行：“与你父亲的名字读音相同的字一共有多少？你们都能认识么？”他们回答说：“我们没有探究过这个问题，还请您教导指示我们。”我说：“凡是这一类的字，如果不提前翻检研究，临时见到又不认识，错拿着去请教别人，反而会被小人欺负，不能轻率对待啊。”于是我就为他们解说这个问题，大约有五十个字左右。刘灵的儿子们都感叹说：“没想到有这么多啊！”要是他们一直都不知道，那也可算是一件怪事了。

　　校定书籍，亦何容易，自扬雄、刘向，方称此职耳。观天下书未遍，不得妄下雌黄^①。或彼以为非，此以为是；或本同末异；或两文皆欠^②，不可偏信一隅也。

【注释】

①雌黄：古人以黄纸写字，有误，则以雌黄涂之。

②欠：不足。

【译文】

校勘核定书籍，是很不容易的，扬雄、刘向这样的人才算是能胜任这个工作。如果没有读遍天下的书籍，就不能任意改动书籍中的文字。有时那个版本认为是错误的，这个版本又认为是正确的；有时两个版本大同小异；有时，两版本的同一处文字都不妥当，所以不可以偏信一种说法。

卷　四

文章第九

　　在本篇中，作者论述了各种文体的起源，对古代的一些著名文人给以评论；作者认为，好的文章"当以理致为心肾，气调为筋骨，事义为皮肤，华丽为冠冕"；针对当时文人片面追求音韵对偶的情况，作者认为应当在注重文章体制大义的基础上对文辞进行修饰，"宜以古之制裁为本，今之辞调为末，并须两存，不可偏废也"。

夫文章者，原出"五经"：诏命策檄，生于《书》者也；序述论议，生于《易》者也；歌咏赋颂，生于《诗》者也；祭祀哀诔①，生于《礼》者也；书奏箴铭②，生于《春秋》者也。朝廷宪章，军旅誓诰③，敷显仁义，发明功德，牧民建国，施用多途。至于陶冶性灵，从容讽谏，入其滋味，亦乐事也。行有余力，则可习之。然而自古文人，多陷轻薄：屈原露才扬己，显暴君过；宋玉体貌容冶，见遇俳优④；东方曼倩，滑稽不雅；司马长卿，窃赀无操；王褒过章《僮约》；扬雄德败《美新》；李陵降辱夷虏；刘歆反覆莽世；傅毅党附权门；班固盗窃父史；赵元叔抗竦过度；冯敬通浮华摈压；马季长佞媚获诮；蔡伯喈同恶受诛；吴质诋忤乡里；曹植悖慢犯法；杜笃乞假无厌；路粹隘狭已甚；陈琳实号粗疏；繁钦性无检格；刘桢屈强输作；王粲率躁见嫌；孔融、祢衡，诞傲致殒；杨修、丁廙，扇动取毙；阮籍无礼败俗；嵇康凌物凶终；傅玄忿斗免官；孙楚矜夸凌上；陆机犯顺履险；潘岳干没取危；颜延年负气摧黜；谢灵运空疏乱纪；王元长凶贼自诒；谢玄晖侮慢见及。凡此诸人，皆其翘秀者，不能悉纪，大较如此。至于帝王，亦或未免。自昔天子而有才华者，唯汉武、魏太祖、文帝、明帝、宋孝武帝，皆负世议，非懿德之君也⑤。自子游、子夏、荀况、孟轲、枚乘、贾谊、苏武、张衡、左思之俦，有盛名而免过患者，时复闻之，但其损败居多耳。每尝思之，原其所积，文章之体，标举兴会，发引性灵，使人矜伐，故忽于持操，果于进取。今世文士，此患弥切，一事惬当，一句清巧，神厉九霄，志凌千载，自吟自赏，不觉更有傍人。加以砂砾所伤，惨于矛戟；讽刺之祸，速乎风尘，深宜防虑，以保元吉。

【译文】

文章本出"五经"：诏、命、策、檄，是从《尚书》中产生的；序、述、论、议，是从《易》中产生的；歌、咏、赋、颂，是从《诗经》中产生的；祭、祀、哀、诔，是从《礼记》中产生的；书、奏、箴、铭，是从《春秋》中产生的。朝廷的宪章，军中所用的誓、诰，彰显仁义，颂扬功德，治理百姓，统治国家，文章有多种用途。至于以文章来陶冶性情，或抒发自己的情感，或深入体会其含义，都是令人快乐的事情。若平时修行有余力，则可以学习这方面的事。然而自古以来文人大多陷于轻薄：屈原展露自己的才华赞扬自己，公开暴露君主的过失；宋玉形貌冶艳，被人视作俳优；东方朔言行过于滑稽，太不儒雅；司马相如窃人钱财，没有操守；王褒的过失见于《僮约》；扬雄的品德坏于《美新》；李陵投降匈奴，辱没尊严；刘歆投靠王莽逆朝；傅毅依附权贵；班固剽窃父亲写的史书；赵壹为人过分倨傲特出；冯衍轻浮，遭到排挤；马融诌媚权贵被人嘲讽；蔡邕结交恶人遭到惩罚；吴质仗势横行而触怒乡里；曹植傲慢肆意而触犯法纪；杜笃向人借贷而不知满足；路粹心胸太过狭隘；陈琳太过粗略疏忽；繁钦生性不知检点；刘桢性情过分倔强；王粲轻率急躁，遭人厌恶；孔融、祢衡狂放傲慢，因此被杀；杨修、丁廙煽动生事，自取灭亡；阮籍因不守礼法而败坏风俗；嵇康因盛气凌人而不得善终；傅玄因负气争吵而遭免官；孙楚因自高自大而得罪上司；陆机因作乱而冒险；潘岳因侥幸取利而自致危机；颜延年因意气用事而被贬职；谢灵运因空疏而违背法纪；王元长因叛逆作乱而自取灭亡；谢朓因侮慢别人而遇害。以上这些人物，都是文人中杰出的人士，其他不能全数记取，大略就是如此。至于帝王，有的也未能避免这类毛病。自古以来做皇帝并有才华的，也只有汉武、魏太祖、文帝、明帝、宋孝武帝，但他们遭受世人的非议，不算是完美的君王。像子游、子夏、荀况、孟轲、枚乘、贾谊、苏武、张衡、左思等一流人物，享有盛名而免于过失祸患的，也时常听说，只是经历艰辛磨难的还是占多数。对此我常常思考，推究其中的道理，文章的本质在于揭示兴致感受，抒发性灵，这就容易使人恃才自负，从而忽视操守，勇于追求名利。在现在的文士身上，这种毛病更加严重，一个典故用得恰当，一个句子做得清新巧妙，就会心神上达九霄，意气下凌千年，自己吟咏自我欣赏，旁若无人。又因为砂砾给人带来的伤害，会比矛戟造成的伤害更严重；讽刺别人而招祸，会比大风来得更快，应该特别注意防范，以保安全。

　　学问有利钝，文章有巧拙。钝学累功，不妨精熟；拙文研思，终归蚩鄙。但成学士，自足为人。必乏天才，勿强操笔。吾见世人，至无才思，自谓清华，流布丑拙，亦以众矣，江南号为诊痴符①。近在并州，有一士族，好为可笑诗赋，诮擎邢、魏诸公②，众共嘲弄，虚相赞说，便击牛酾酒③，招延声誉。其妻，明鉴妇人也，泣而谏之。此人叹曰："才华不为妻子所容，何况行路！"至死不觉。自见之谓明，此诚难也。

【注释】

①诊（líng）痴符：古代方言，指没有才学却又喜欢夸耀的人。诊，叫卖。

②诮擎（tiǎopiē）：戏言嘲弄。

③酾（shī）酒：倒酒斟酒。

【译文】

　　做学问有聪明和迟钝之分，写文章有精巧和拙劣的区别。做学问迟钝的人只要坚持努力也可以达到精熟；写文章拙劣的人再怎么钻研思考，终究难免陋劣。其实只要成为饱学之士，就足以立身处世。要是真的缺乏天分，就不要勉强执笔写文章。我见到世上有些人，明明极度缺乏才思，却还认为自己的文章清新华丽，并且让丑拙的文章流传在外，这样的人实在太多了，这种人在江南被称为"诗痴符"。近来在并州地方，有个士大夫，喜欢写引人发笑的诗赋，还嘲弄邢邵、魏收等人，人家联合起来嘲弄他，假意称赞他的诗赋，于是他就杀牛斟酒准备宴请人家以扩大声誉。他的妻子是个明白事理的人，哭着劝他。他却叹着气说："我的才华连我的妻子都不能承认，何况不相干的人！"他到死也没有醒悟过来。自己能看清自己才叫明，这确实是不容易做到的。

学为文章，先谋亲友，得其评裁，知可施行，然后出手；慎勿师心自任，取笑旁人也。自古执笔为文者，何可胜言。然至于宏丽精华，不过数十篇耳。但使不失体裁，辞意可观，便称才士；要须动俗盖世，亦俟河之清乎！

【译文】

学作文章，先要和亲友商量，得到他们的评点，知道怎样写了，然后才动手写；千万不能自我感觉良好，以致为旁人所取笑。自古以来执笔写文章的，多的数不清，但真正能称得上宏丽精华的文章，不过几十篇罢了。只要文章没有违背体裁要求，辞意值得一观，就可以称为才士了；但要自己的文章当真惊动流俗压倒当世，那就像黄河澄清那样不容易等到了。

不屈二姓，夷、齐之节也；何事非君，伊、箕之义也。自春秋已来，家有奔亡，国有吞灭，君臣固无常分矣；然而君子之交绝无恶声，一旦屈膝而事人，岂以存亡而改虑？陈孔璋居袁裁书^①，则呼操为豺狼；在魏制檄，则目绍为蛇虺。在时君所命，不得自专，然亦文人之巨患也，当务从容消息之^②。

【注释】
①陈孔璋：陈琳，字孔璋，先从袁绍，后降曹操。
②消息：此处做斟酌解。

【译文】
不屈身于贰朝，这是伯夷、叔齐的节操；任何君王都可侍奉，这是伊尹、箕子所行的道义。自春秋时期以来，世家有奔窜流亡的时候，国家有被吞并灭亡的时候，君臣之间也没有什么不会改变的名分了；君子即使绝交也不会口出恶言，然而一旦屈膝侍奉别的君主，又怎能因故主的存亡而改变自己的立场呢？陈琳在袁绍幕下时称曹操为豺狼；在魏国做官时，又在所写的檄文中称袁绍为毒蛇。在当时必须听从君主的命令，自己不能做主，但这也是文人的大祸患，不能不仔细斟酌一番。

或问扬雄曰："吾子少而好赋？"雄曰："然。童子雕虫篆刻，壮夫不为也。"余窃非之曰：虞舜歌

《南风》之诗，周公作《鸱鸮》之咏，吉甫、史克《雅》《颂》之美者，未闻皆在幼年累德也。孔子曰："不学诗，无以言。""自卫返鲁，乐正，雅、颂各得其所。"大明孝道，引《诗》证之。扬雄安敢忽之也？若论"诗人之赋丽以则，辞人之赋丽以淫"，但知变之而已，又未知雄自为壮夫何如也？著《剧秦美新》①，妄投于阁，周章怖慑，不达天命，童子之为耳。桓谭以胜老子，葛洪以方仲尼，使人叹息。此人直以晓算术，解阴阳，故著《太玄经》，数子为所惑耳；其遗言余行，孙卿、屈原之不及，安敢望大圣之清尘？且《太玄》今竟何用乎？不啻覆酱瓿而已②。

【注释】

①《剧秦美新》：扬雄所作歌颂王莽的文章。

②不啻（chì）：不过。瓿（bù）：小瓮。

【译文】

有人问扬雄说："您是不是年轻时就喜欢写赋？"扬雄说："是的。但是辞赋就如同小孩子练的虫书、刻符，大丈夫是不屑于做的。"我私下里认为他的说法是不对的：虞舜吟诵的《南风》，周公所作的《鸱鸮》，尹吉甫、史克所作的那些收在《雅》《颂》中的美好文章，倒都没听说他们因为在年轻时写诗而损坏了德行。孔子说："不学《诗经》，就不知该如何应答。"又说："我从卫国回到鲁国，对《诗》的乐章进行整理，使得《雅》和《颂》都各得其所。"孔子宣扬孝道，就引用了《诗经》来佐证。扬雄怎么敢忽视诗赋呢？如果就他说的"诗人的赋华丽而合乎法度，辞人的赋华丽得过度"来看，那也只不过是看到了两者之间的区别而已，不知道扬雄自从成年之后又做得怎么样呢？他写了《剧秦美新》，又曾经糊涂地从天禄阁往下跳，处事惊慌失措，不能乐天知命，不过像是小孩子的行为罢了。桓谭认为扬雄胜过老子，葛洪将他和孔子相提并论，实在是让人叹息。扬雄只不过是通晓术数，懂得阴阳之学，所以写了《太玄经》，那些人都被他迷惑了；他的言辞德行连荀子和屈原都比不上，又怎么能和老子、孔子这样的大圣人相提并论呢？况且《太玄经》在今天有什么用途呢，不过是被人拿来盖在酱缸上罢了。

　　齐世有席毗者，清干之士，官至行台尚书，嗤鄙文学，嘲刘逖云："君辈辞藻，譬若荣华，须臾之玩，非宏才也；岂比吾徒千丈松树，常有风霜，不可凋悴矣[①]！"刘应之曰："既有寒木，又发春华，何如也？"席笑曰："可哉！"

【注释】

①凋悴：枯败凋落。

【译文】

　　北齐有个叫席毗的人，为人廉洁干练，官至行台尚书。他鄙视文学，曾经嘲笑刘逖说："你们这些文人的辞藻文章，就好像是开放的花朵一般，只能供人赏玩片刻，算不得栋梁之才；怎能比得上我们这些军人呢，我们就像千丈高的松树一样，常历风霜，却不会枯败凋落。"刘逖回答说："若既是耐寒之树，又能在春天开放花朵，这种怎么样呢？"席毗笑着说："那自然好！"

凡为文章，犹人乘骐骥^①，虽有逸气，当以衔勒制之，勿使流乱轨躅^②，放意填坑岸也。

【注释】

①骐骥（jì）：良马。

②轨躅（zhuó）：本指车辙，引申为法度规范。

【译文】

作文章就好比是骑千里马，虽然马很骏逸奔放，也还是得用衔勒来控制它，不要让它乱了奔走的法度，纵意跃进那坑岸之下。

文章当以理致为心肾，气调为筋骨，事义为皮肤，华丽为冠冕。今世相承，趋末弃本，率多浮艳。辞与理竞，辞胜而理伏；事与才争，事繁而才损。放逸者流宕而忘归^①，穿凿者补缀而不足。时俗如此，安能独违？但务去泰去甚耳。必有盛才重誉，改革体裁者，实吾所希。

【注释】

①流宕（dàng）：流浪漂泊。

【译文】

文章要以义理意致为心肾，气韵格调为筋骨，用典合宜为皮肤，华丽辞藻为冠冕。如今世代传承的文章，都是趋末弃本，过于浮艳，辞藻和义理相竞，文辞虽然优美但事理却被遮隐；用典和才思相争，用典繁琐而才思受损。奔放飘逸的，行文虽然轻快但常常远离主题，过于拘束的，虽然补缉连缀勉强成篇但却文采不足。时下习俗都是这样，怎么能独自立异？但求不要做得太过分就好。如果有位才华横溢、声名远播的人，来改革这种文章体制，那才真是我所盼望的。

古人之文，宏材逸气，体度风格，去今实远；但缉缀疏朴①，未为密致耳。今世音律谐靡，章句偶对，讳避精详，贤于往昔多矣。宜以古之制裁为本，今之辞调为末，并须两存，不可偏弃也。

【注释】

①缉缀：指文章的撰写连缀。

【译文】

古人的文章，气势宏大，潇洒飘逸，其体度风格和现今的文章差别很大；只是古人在遣词造句、过渡钩连等方面，还很粗疏质朴，不够周密细致。如今的文章，音律和谐华丽，辞句工整对称，避讳精细详密，在这方面则比古人高超得多了。应该用古文的体制格调为根本，以今人的文辞音调作补充，这两方面同时存在，不可以偏废任何一方。

吾家世文章，甚为典正，不从流俗；梁孝元在蕃邸时，撰《西府新文》，讫无一篇见录者，亦以不偶于世，无郑、卫之音故也。有诗、赋、铭、诔、书、表、启、疏二十卷，吾兄弟始在草土[1]，并未得编次，便遭火荡尽，竟不传于世。衔酷茹恨[2]，彻于心髓！操行见于《梁史·文士传》及孝元《怀旧志》。

【注释】

①草土：居丧。古代居父母之丧者寝苫枕块，故称草土。

②酷：惨痛，痛恨。

【译文】

我父亲的文章写得非常典雅庄重，不同于流俗；梁孝元帝在做湘东王时曾经撰写《西府新文》，先父的文章一篇也未被收录，这也是因为先父的文章不迎合世人口味，没有浮艳风气的缘故。先父留下的诗、赋、铭、诔、书、表、启、疏等各种文体的文章共二十卷，我们兄弟当时还在居丧期间，没有来得及整理编次，就被大火烧了个精光，最终未能流传于世。我的痛苦怨恨，深入心底！先父的操守品行载于《梁史·文士传》和梁元帝的《怀旧志》上。

沈隐侯曰[1]："文章当从三易：易见事，一也；易识字，二也；易读诵，三也。"邢子才常曰："沈侯文章，用事不使人觉，若胸臆语也[2]。"深以此服之。祖孝徵亦尝谓吾曰："沈诗云：'崖倾护石髓。'

此岂似用事邪？”

【注释】

①沈隐侯：沈约，谥曰隐侯。

②胸臆（yì）：心，心怀。

【译文】

沈约说：“写文章应当遵从‘三易’的原则：一是用典通俗易懂；二是文字容易认识；三是易于朗读背诵。”邢子才常说：“沈约的文章，引用典故使人难以觉察，教人以为他是直抒胸臆一样。”并因此而深深佩服他。祖孝徵也曾经对我说：“沈约的诗里说：‘崖倾护石髓。’这哪里像是在用典啊？”

邢子才、魏收俱有重名，时俗准的①，以为师匠。邢赏服沈约而轻任昉，魏爱慕任昉而毁沈约，每于谈宴，辞色以之。邺下纷纭，各有朋党。祖孝徵尝谓吾曰：“任、沈之是非，乃邢、魏之优劣也。”

【注释】

①准的：标准。

【译文】

邢子才和魏收都有很高的名声，当时的人们都以他们为楷模，奉他们为师。邢子才佩服沈约而轻视任昉，魏收钦慕任昉而诋毁沈约，他们在一起宴饮聚会时常因此而当面争执。邺城的人对此看法不一，两个人都有拥护者。祖孝徵曾经对我说："任昉和沈约的是与非，实际上正是邢子才和魏收的优与劣。"

《吴均集》有《破镜赋》。昔者，邑号朝歌，颜渊不舍；里名胜母，曾子敛襟：盖忌夫恶名之伤实也。破镜乃凶逆之兽①，事见《汉书》，为文幸避此名也。比世往往见有和人诗者，题云敬同，《孝经》云："资于事父以事君而敬同。"不可轻言也。梁世费旭诗云："不知是耶非。"殷沄诗云："飙飏云母舟。"简文曰："旭既不识其父，沄又飙飏其母。"此虽悉古事，不可用也。世人或有文章引《诗》"伐鼓渊渊"者，《宋书》已有屡游之诮；如此流比，幸须避之。北面事亲，别舅摛《渭阳》之咏②；堂上养老，送兄赋桓山之悲，皆大失也。举此一隅，触涂宜慎。

【注释】

①破镜：一种恶兽，也称獍。《汉书·郊祀志》："古天子常以春解祠，祠黄帝用一枭、破镜。"

②摛（chī）：传布，舒展。《渭阳》：秦康公送晋文公至渭水时所作的诗。见《诗经·秦风·渭阳》。

【译文】

《吴均集》中有《破镜赋》。从前，有个城邑名叫朝歌，颜渊不在那里居住；有一处乡里名叫胜母，曾子路过时就敛起衣襟：这大约是因为怕不好的名字有伤事物的本质。破镜是一种凶恶暴逆的动物，这在《汉书》里有记载，做文章时一定要避开这类名称。近来看见有应和别人诗作的人在和诗的题目中写着"敬同"两个字，《孝经》里说："资于事父以事君而敬同。"因此这两个字是不可以轻易乱用的。梁朝费旭的诗中说："不知是耶非。"殷沄的诗中说："飘飏云母舟。"简文帝说："费旭已经不认识自己的父亲，殷沄又使他的母亲四处飘荡。"这些虽然都是古时的事，但也不可用。世上有的人在文章中引用了《诗经》里的"伐鼓渊渊"，《宋书》已经讥刺他不懂反语；诸如此类的事，一定要避开为妙。母亲在世，送别舅舅时却高咏《渭阳》这首诗；双亲在堂，送别兄长时却以"桓山之鸟"来表达自己的悲伤，这些都是严重的过失。这里只是举了一部分例子，写文章时处处都要注意。

　　江南文制，欲人弹射①，知有病累，随即改之，陈王得之于丁廙也②。山东风俗，不通击难。吾初入邺，遂尝以此忤人，至今为悔；汝曹必无轻议也。

【注释】
①弹射：用言语指责。这里是指对文章进行批评。
②陈王：陈思王曹植。廙：音 yì。

【译文】
　　江南地区的人写了文章之后，希望别人进行批评，知道有不合适的地方，接着就加以修改，陈思王曹植就是从丁廙那里学到了这种习惯。山东地区的风俗是不许别人对自己的文章提出疑问。我刚到邺城的时候，就曾经因为批评别人的文章而得罪了那个人，到现在还为这件事后悔；你们一定不要轻率地议论别人的文章。

凡代人为文，皆作彼语，理宜然矣。至于哀伤凶祸之辞，不可辄代。蔡邕为胡金盈作《母灵表颂》曰："悲母氏之不永，然委我而夙丧。"又为胡颢作其父铭曰："葬我考议郎君。"《袁三公颂》曰："猗欤我祖①，出自有妫。"王粲为潘文则《思亲诗》云："躬此劳悴，鞠予小人；庶我显妣，克保遐年。"而并载乎邕、粲之集，此例甚众。古人之所行，今世以为讳。陈思王《武帝诔》，遂深永蛰之思；潘岳《悼亡赋》，乃怆手泽之遗。是方父于虫、匹妇于考也。蔡邕《杨秉碑》云："统大麓之重。"潘尼《赠卢景宣》诗云："九五思飞龙。"孙楚《王骠骑诔》云："奄忽登遐②。"陆机《父诔》云："亿兆宅心③，敦叙百揆④。"《姊诔》云："倪天之和⑤。"今为此言，则朝廷之罪人也。王粲《赠杨德祖诗》云："我君饯之，其乐泄泄⑥。"不可妄施人子，况储君乎？

【注释】

①猗（yī）欤（yú）：叹词。

②奄忽：比喻死亡。登遐：对帝王死的讳称。

③亿兆：极言众多。

④百揆（kuí）：百官。

⑤伣（qiàn）：譬喻。《诗经·大雅·大明》："大邦有子，伣天之妹。"

⑥泄泄（yì）：闲散自得的样子。

【译文】

凡是替别人写文章，都要用他的口气，这从道理上说是应该的。表达哀伤凶祸内容的文章是不可以随便替别人代笔的。蔡邕为胡金盈作《母灵表颂》说："悲母氏之不永，然委我而夙丧。"又为胡颢作父诔，诔文中说："葬我考议郎君。"还有《袁三公颂》说："猗欤我祖，出自有妫。"王粲替潘文则写的《思亲诗》中说："躬此劳悴，鞠予小人；庶我显妣，克保遐年。"而这些文章都收在了蔡邕和王粲的文集里，这样的例子非常多。古人所通行的做法，在现在看来是犯了忌讳。陈思王曹植在《武帝诔》中以"永蛰"表示对父亲的思念，潘岳的《悼亡赋》中以"手泽"指亡妻留下的物品，并抒发看到妻子遗物的悲怆之情。前者是将父亲比作虫子，后者则是将亡妻等同于亡父了。蔡邕的《杨秉碑》说："统大麓之重。"潘尼的《赠卢景宣》诗说："九五思飞龙。"孙楚在《王骠骑诔》中说："奄忽登遐。"陆机的《父诔》中写到："亿兆宅心，敦叙百揆。"《姊诔》又说："伣天之和。"现在要是再写这样的话，那就是朝廷的罪人了。王粲在《赠杨德祖诗》中说："我君饯之，其乐泄泄。""其乐泄泄"是郑庄公和母亲重归于好时说过的话，这种话是不可以随便用在别人子女身上的，何况还是太子呢？

挽歌辞者，或云古者《虞殡》之歌^①，或云出自田横之客，皆为生者悼往告哀之意。陆平原多为死人自叹之言^②，诗格既无此例，又乖制作本意。

【注释】

①虞殡：古代挽歌之名。

②陆平原：陆机，曾为平原内史。

【译文】

挽歌辞，有人说它始于古代的《虞殡》之歌，也有人说出自田横的门客，所有的挽歌辞都是活着的人用来追悼死者表达悲哀之情的。陆机所作的挽歌大多是死者的自我感叹之言，挽歌辞的格式中没有这样的例子，这也违背了创作挽歌辞的本意。

凡诗人之作，刺箴美颂，各有源流，未尝混杂，善恶同篇也。陆机为《齐讴篇》，前叙山川物产风教之盛，后章忽鄙山川之情，殊失厥体^①。其为《吴趋行》，何不陈子光、夫差乎？《京洛行》，胡不述赧王、灵帝乎？

【注释】

①厥（jué）：其。

【译文】

诗人的文章，不管是讽刺的、规劝的、赞美的、还是歌颂的，都有各自的源流，从来没有将其混杂在一起，而使善恶同处一篇。陆机作《齐讴篇》，前半部分叙述山川的秀美和物产的丰盛，以及当地民风的纯朴，后半部分忽然又表现出鄙薄此地山川的情绪，太悖离文章的体制。既然这样，那他写《吴趋行》，为什么不提子光和夫差呢？写《京洛行》，为什么不提周赧王和汉灵帝的事呢？

自古宏才博学，用事误者有矣；百家杂说，或有不同，书傥湮灭，后人不见，故未敢轻议之。今指知决纰缪者，略举一两端以为诫。《诗》云："有鹝雉鸣①。"又曰："雉鸣求其牡。"《毛传》亦曰："鹝，雌雉声。"又云："雉之朝雊，尚求其雌。"郑玄注《月令》亦云："雊，雄雉鸣。"潘岳赋曰："雉鹝鹝以朝雊。"是则混杂其雄雌矣。《诗》云："孔怀兄弟。"孔，甚也；怀，思也，言甚可思也。陆机《与长沙顾母书》，述从祖弟士璜死，乃言："痛心拔脑，有如孔怀。"心既痛矣，即为甚思，何故方言有如也？观其此意，当谓亲兄弟为孔怀。《诗》云："父母孔迩②。"而呼二亲为孔迩，于义通乎？《异物志》云："拥剑状如蟹，但一螯偏大尔。"何逊诗云："跃鱼如拥剑。"是不分鱼蟹也。《汉书》："御史府中列柏树，常有野鸟数千，栖宿其上，晨去暮来，号朝夕鸟。"而文士往往误作乌鸢用之。《抱朴子》说项曼都诈称得仙，自云："仙人以流霞一杯与我饮之，辄不饥渴。"而简文诗云："霞流抱朴碗。"亦犹郭象以惠施之辨为庄周言也。《后汉书》："囚司徒崔烈以银铛锁。"铛锁，大锁也；世间多误作金银字。武烈太子亦是数千卷学士，尝作诗云："银锁三公脚，刀撞仆射头。"为俗所误。

【注释】

①噪（yǎo）：雌雉的鸣叫声。

②迩（ěr）：近。

【译文】

　　自古以来，那些才华横溢、博学多才的人，在引用典故时出现差错的也大有人在；诸子百家杂说纷纭，有时候对同一事物会有不同的看法，他们的书籍倘若湮没，后人读不到，所以我不敢对此妄加评论。现在我叙述那些属于绝对错误的事，略举几个例子给你们借鉴。《诗经》里说："有噪雉鸣。"又说："雉鸣求其牡。"《毛传》里也说："噪，是雌雉的鸣叫声。"《诗经》又说："雉之朝雊，尚求其雌。"郑玄注的《礼记·月令》也说："雊，是雄雉的鸣叫声。"而潘岳的赋里说："雉噪噪以朝雊。"这就混淆了雌雄的区别了。《诗经》里说："孔怀兄弟。"孔，是很的意思；怀，是思念的意思。孔怀的意思是十分想念。陆机的《与长沙顾母书》叙述他的从祖弟陆士璜之死时却说："痛心拔脑，有如孔怀。"心中既然感到悲痛，那自然就是很思念，为什么还要说"有如"呢？看他在这里的意思，大概是把"孔怀"理解成亲兄弟了。《诗经》说："父母孔迩。"按照陆机的理解，要称父母为"孔迩"，这在意义上说得通么？《异物志》上说："拥剑的状貌好像蟹一样，只是有一只螯偏大罢了。"何逊的诗里说："跃鱼如拥剑。"这是鱼、蟹不分了。《汉书》中说："御史府中种着成列的柏树，经常有数千只野鸟栖息在树上，这些鸟早晨离去黄昏时归来，被称为朝夕鸟。"而文人们在引用的时候往往把它们误作"乌鸢"。《抱朴子》里记载项曼都伪称自己遇上仙人时说："仙人给了我一杯流霞要我喝下，我就不觉得饥渴了。"而简文帝却在诗里说："霞流抱朴碗。"这就好像是郭象将惠施辩论的言辞当作庄周的话一样了。《后汉书》中说："囚司徒崔烈以锒铛锁。"锒铛，就是大的铁链锁，世人多把"锒"误作金银的"银"字。武烈太子也是读过数千卷书的学士，他曾经作诗说："银锁三公脚，刀撞仆射头。"这是受流俗影响而造成的错误。

文章地理，必须惬当。梁简文《雁门太守行》乃云："鹅军攻日逐①，燕骑荡康居，大宛归善马，小月送降书。"萧子晖《陇头水》云："天寒陇水急，散漫俱分泻，北注徂黄龙，东流会白马②。"此亦明珠之颣、美玉之瑕③，宜慎之。

【注释】

①鹅：古代的阵名。日逐：与下文的"康居""大宛""小月"，地在西域，简文帝诗写燕、宋之军，不相涉。

②"天寒"四句：陇在西北、黄龙在北，白马在西南，不在同一流域。

③颣（lèi）：缺点，毛病。

【译文】

文章中凡是牵涉到地理知识的，运用时一定要恰当。梁简文帝的《雁门太守行》说："鹅军攻日逐，燕骑荡康居，大宛归善马，小月送降书。"萧子晖在《陇头水》中说："天寒陇水急，散漫俱分泻，北注徂黄龙，东流会白马。"这些都是明珠上的小缺点、美玉上的小瑕疵，应该慎重对待。

王籍《入若耶溪》诗云："蝉噪林逾静，鸟鸣山更幽。"江南以为文外断绝，物无异议。简文吟咏，不能忘之，孝元讽味，以为不可复得，至《怀旧志》载于《籍传》。范阳卢询祖，邺下才俊，乃言："此不成语，何事于能？"魏收亦然其论。《诗》云："萧萧马鸣，悠悠旆旌①。"《毛传》曰："言不喧哗也。"吾每叹此解有情致，籍诗生于此耳。

【注释】

①旆（pèi）：古代旗帜的统称。旌（jīng）：用牦牛尾和彩色鸟羽做杆饰的旗。

【译文】

王籍在《入若耶溪》这首诗里说："蝉噪林逾静，鸟鸣山更幽。"江南地区的人认为这是独一无二的句子，对此没人表示异议。简文帝经常吟咏这句诗，不能忘怀，梁元帝也经常吟诵回味，认为不可多得，以致在《怀旧志》中将这首诗载入了《王籍传》中。范阳卢询祖，是邺城的优秀人物，他却说："这两句根本不能算是联语，看不出王籍有什么过人的才华。"魏收也赞同他的观点。《诗经》里说："萧萧马鸣，悠悠旆旌。"《毛传》的解释说："这是不喧哗的意思。"我总是感叹这个解释有情致，王籍的诗就是由此而生的。

兰陵萧悫，梁室上黄侯之子，工于篇什。尝有《秋诗》云："芙蓉露下落，杨柳月中疏。"时人未之赏也。吾爱其萧散，宛然在目。颍川荀仲举、琅邪诸葛汉，亦以为尔。而卢思道之徒，雅所不惬。

【译文】

兰陵的萧悫，是梁上黄侯之子，擅长做文章。他在曾经写过的《秋诗》里说："芙蓉露下落，杨柳月中疏。"当时的人都不欣赏。我却喜欢那种萧疏散淡的情致，诗中的景象就仿佛在人眼前一样。颍川荀仲举、琅邪诸葛汉，也是这样认为的。而卢思道等人，则不大喜欢这两句诗。

何逊诗实为清巧，多形似之言；扬都论者，恨其每病苦辛，饶贫寒气，不及刘孝绰之雍容也。虽然，刘甚忌之，平生诵何诗，常云："'蓬车响北阙'，恛恛不道车。"又撰《诗苑》，止取何两篇，时人讥其不广。刘孝绰当时既有重名，无所与让；唯服谢朓，常以谢诗置几案间，动静辄讽味。简文爱陶渊明文，亦复如此。江南语曰："梁有三何，子朗最多。"三何者，逊及思澄、子朗也。子朗信饶清巧。思澄游庐山，每有佳篇，亦为冠绝。

【译文】

何逊的诗真是清新奇巧，多有生动形象的语言；扬都谈论他的诗的人批评他太过深思苦吟，意境太过萧索清寒，不如刘孝绰那种从容闲适的诗风。虽然如此，刘孝绰还是很嫉妒他，平常吟诵何逊的诗句时常说："'蓬车响北阙'，恓恓不道车。"他又撰写了《诗苑》，其中只选了何逊两首诗，当时的人们都讽刺他不够大度。刘孝绰在当时有很高的声望，没有什么让他佩服的人；他只佩服谢朓一个人，经常把谢朓的诗文放在桌案上，随时阅读。梁简文帝喜欢陶渊明的诗，也常常这样做。江南地区有句俗语说："梁朝有三何，子朗才最多。"三何是指何逊、何思澄、何子朗。何子朗的诗确实写得很清新精巧。何思澄游览庐山，时常写出优美的篇章，也算冠绝一时。

名实第十

　　作者在这一篇主要探讨的是名与实的关系，从现实生活出发，强调为人处世要言行一致，表里如一，讥讽了"不修身而求令名于世者，犹貌甚恶而责妍影于镜"的人；认为好的名声是靠自己"德艺周厚""修身慎行"而取得的，利用卑俗的手段沽名钓誉，即使得到一些虚名，最后也终将为人所笑。

名之与实，犹形之与影也。德艺周厚^①，则名必善焉；容色姝丽，则影必美焉。今不修身而求令名于世者，犹貌甚恶而责妍影于镜也。上士忘名，中士立名，下士窃名。忘名者，体道合德，享鬼神之福祐，非所以求名也；立名者，修身慎行，惧荣观之不显^②，非所以让名也；窃名者，厚貌深奸，干浮华之虚称，非所以得名也。

【注释】

①德艺：德行才艺。周厚：周洽笃厚。

②荣观：即荣名、荣誉。

【译文】

名与实的关系，就像形体与影子的关系一样。德才洽笃深厚的人，他的名声必然是好的；容貌秀丽的人，他的影像也必然是美的。现在不修身养性，却希望在世上得到好名声的人，就像容貌丑陋却想要在镜子中照出美丽影像一样。最上等的人忘却名声，中等的人树立名声，下等的人窃取名声。忘却名声的人，内心体悟了"道"，行为符合了"德"，受到鬼神的赐福和保佑，他们并不是靠它来追求名声的；树立名声的人，修养身心谨慎行事，担心自己的荣名得不到显扬，他们是不会对名声谦让的；盗取名声的人，貌似忠厚，心怀奸诈，谋求奢华的虚名，他们是不能获得真正的好名声的。

人足所履，不过数寸，然而咫尺之途，必颠蹶于崖岸①，拱把之梁②，每沉溺于川谷者，何哉？为其旁无余地故也。君子之立己，抑亦如之。至诚之言，人未能信；至洁之行，物或致疑，皆由言行声名，无余地也。吾每为人所毁，常以此自责。若能开方轨之路③，广造舟之航④，则仲由之言信⑤，重于登坛之盟⑥；赵熹之降城⑦，贤于折冲之将矣。

【注释】

①颠蹶：翻跌，倾跌。

②拱把之梁：即独木桥。拱把，两只手合围或一手握满。梁，桥。

③方轨：两车并行。

④造舟：连船为桥，即浮桥。

⑤仲由：孔子弟子，即子路，以信守诺言著称。

⑥登坛：升登坛场。古时帝王即位、祭祀、会盟、拜将，多设坛场，举行隆重仪式。

⑦赵熹：东汉人，《后汉书》有传。更始年间，曾劝降舞阴城。

【译文】

人的双脚所踩的范围，不过几寸，但是走在尺多宽的小路上，常常会失足掉下山崖，走在独木桥时，也往往会掉进河里，这是为什么呢？因为这些地方两边都没有空余的地方。君子立身处世的情况，和这个有些类似。最真诚的话，人们不一定会相信；最高洁的行为，反而会招致有些人的怀疑，这都是因为人的一言一行，声望名誉没有余地的缘故。我经常被人诋毁，常常因此而自我反省。如果在立身处世上做到像走在宽广大道、广阔的浮桥上一样留有余地，那么你所说的话就像仲由的言语一样，胜过诸侯会盟的誓言；你所做的事就像赵熹劝降一城，胜过冲锋陷阵的大将。

吾见世人，清名登而金贝入①，信誉显而然诺亏，不知后之矛戟，毁前之干橹也②。虑子贱云③："诚于此者形于彼。"人之虚实真伪在乎心，无不见乎迹，但察之未熟耳。一为察之所鉴，巧伪不如拙诚，承之以羞大矣。伯石让卿④，王莽辞政，当于尔时，自以巧密；后人书之，留传万代，可为骨寒毛竖也。近有大贵，以孝著声，前后居丧，哀毁逾制⑤，亦足以高于人矣。而尝于苫块之中⑥，以巴豆涂脸⑦，遂使成疮，表哭泣之过。左右僮竖，不能掩之，益使外人谓其居处饮食，皆为不信。以一伪丧百诚者，乃贪名不已故也。

【注释】
①金贝：金钱，货币。
②干：抵御刀剑之类的小盾牌。橹：抵御矛戟的大盾牌。
③虑子贱：孔子弟子。
④伯石：春秋时郑国大夫，曾三让卿之位，但并非出自真心。
⑤哀毁：哀痛使身体容貌都受到损害。

⑥苫（shān）块：代指居丧。古人居丧，于先人墓
　边搭庐而住，以苫为席，以土块为枕。苫，草垫。
　块，土块。

⑦巴豆：巴地的一种豆形植物，有毒。

【译文】

　　我看到世上的人，有了清廉的名声后就开始聚敛财富，
有了显耀的重信誉之名后就开始说话不算数了，这些人不
知道他们后来的行为，会把前面辛辛苦苦建立的名声全都
毁掉。虑子贱说过："在这件事上做得真诚，就给另一件事
树立了榜样。"人的虚假真实都发自内心，没有不在行动
上表现出来的，只是别人观察得不仔细罢了。一旦被别人
看出了真相，那么巧妙掩饰的虚假还不如笨拙不加掩饰的
真实，接着招来的羞辱也够大的。伯石假意辞让卿位，王
莽佯装辞谢政权，在当时自以为既巧又密；但真相还是被
后人记载下来，留传万世，使后人读了感到毛发竖立，心
惊胆战。近年来有一位大贵人，以孝敬父母著称，前后为
父母服丧期间，表示哀痛心情的举动都超出了一般礼制的
要求，也足以获得高于常人的名声了。但他在居丧的时候
却用巴豆涂脸，故意使脸上生疮，以造成哀痛悲泣过度的
假象。左右侍奉的僮仆，却不能为他遮盖，于是真相流露，
反而使外人认为他服丧时的居住饮食等其他行为，全都不
可相信。像这样由于一件事情伪装出现的假，而毁掉了诸
多事情的真，全都是因为无休无止地追求名誉而造成的。

　　　有一士族，读书不过二三百卷，天才钝拙，而

家世殷厚，雅自矜持，多以酒犊珍玩^①，交诸名士，甘其饵者，递共吹嘘，朝廷以为文华，亦尝出境聘。东莱王韩晋明笃好文学，疑彼制作，多非机杼^②，遂设宴言，面相讨试。竟日欢谐，辞人满席，属音赋韵，命笔为诗，彼造次即成，了非向韵。众客各自沉吟，遂无觉者。韩退叹曰："果如所量！"韩又尝问曰："玉珽杼上终葵首^③，当作何形？"乃答云："珽头曲圜^④，势如葵叶耳。"韩既有学，忍笑为吾说之。

【注释】

①酒犊：酒和牛。此处指吃喝。

②机杼（zhù）：比喻诗文创作中构思和布局的精巧。

③玉珽（tǐng）：玉笏，古代朝臣上朝时所执手版。

④曲圜：弯而圆。

【译文】

有一个士族出身的人，所读的书不过二三百卷，天生鲁钝笨拙，可是家世富庶，自诩甚高，常用酒肉珍宝结交名士，那些愿意接受他财物的人，便相继为他吹嘘，致使朝廷也以为他有文才，曾聘他出去做官。东莱王韩晋明酷爱文学，对他的作品发生怀疑，认为大多数不是他本人所命意构思的，于是就设宴叙谈，当面向他请教试探。欢宴整日，座中皆为诗文名士，他们按声韵提笔赋诗，这个士族很快就写好了，但全不似向来神韵。别的客人都各自沉思吟咏，没有人发现这一情况。韩晋明退席后感叹道："果然不出我所料！"韩晋明曾有一次问这士人说："玉珽机杼上安装的终葵之首，是什么形状？"他竟回答说："珽头弯曲，大概像葵叶的形状吧。"韩晋明是个有学问的人，后来忍着笑跟我谈起这件事。

治点子弟文章^①，以为声价，大弊事也。一则不可常继，终露其情；二则学者有凭，益不精励。

【注释】

①治点：润饰修改文章。

【译文】

替自己的子弟润饰修改文章，用以提高他们的身价，是一大坏事。一来不能永远为他们修改润色，迟早要露出真相；二来使学习的人有所依凭，会更加懒惰不用功。

邺下有一少年，出为襄国令，颇自勉笃。公事经怀，每加抚恤，以求声誉。凡遣兵役，握手送离，或赍梨枣饼饵^①，人人赠别，云："上命相烦，情所不忍；道路饥渴，以此见思。"民庶称之，不容于口。及迁为泗州别驾^②，此费日广，不可常周，一有伪情，触涂难继，功绩遂损败矣。

【注释】

①赍（jī）：送东西给别人。

②别驾：官名，州刺史的佐吏，也称别驾从事史。因

随刺史出行时令乘车，故称别驾。

【译文】

邺城有一个年轻人，出任襄国县令，做事非常勤奋用心。处理公务时十分认真，对下面的人关怀体贴，以借此博取声名。每当派遣兵役时，他总要与士兵握手送别，有时还送给他们梨、枣、糕饼等食物，与每人都告别一番，说："因为执行上面的命令，要劳烦你们，我内心很不好受；路上难免饥渴，这些就算是我的一片心意吧。"百姓都对他赞不绝口。等到他迁任泗州别驾的时候，这类费用更多，无法每次都遍赠食物，时间一长，势必矫情虚饰，难以为继，原有的声名也因此而毁坏了。

或问曰："夫神灭形消，遗声余价，亦犹蝉壳蛇皮，兽远鸟迹耳①，何预于死者，而圣人以为名教乎？"对曰："劝也。劝其立名，则获其实。且劝一伯夷②，而千万人立清风矣；劝一季札③，而千万人立仁风矣；劝一柳下惠④，而千万人立贞风矣；劝一史鱼⑤，而千万人立直风矣。故圣人欲其鱼鳞凤翼，杂沓参差，不绝于世，岂不弘哉？四海悠悠，皆慕名者，盖因其情而致其善耳。抑又论之，祖考之嘉名美誉，亦子孙之冕服墙宇也⑥，自古及今，获其庇荫者亦众矣。夫修善立名者，亦犹筑室树果，生则获其利，死则遗其泽。世之汲汲者，不达此意，若其与魂爽俱升，松柏偕茂者，惑矣哉！"

【注释】

①远（háng）：鸟兽或车辆经过的痕迹。

②伯夷：商周之际贤人，曾让君位，耻食周粟，饿死于首阳山。

③季札：春秋时吴国公子，以仁义著称。

④柳下惠：春秋时鲁国人，以贞操著称。

⑤史鱼：春秋时卫国大夫，以正直著称。

⑥冕服墙宇：衣帽房屋，代指上辈留下的遗产。

【译文】

有人问："人死之后形神俱消，留下的名声，也就像蝉蛇蜕化后的皮壳，像鸟兽经过后留下的踪迹一样，与死人有何关系，而圣人却用它来教化百姓呢？"回答说："是为了勉励。勉励人们树立名誉，就能得到实效。况且褒扬一个伯夷，就会在千万人中形成清正的风气；褒扬一个季札，就会在千万人中形成仁爱的风气；褒扬一个柳下惠，就会在千万人中形成贞操的风气；褒扬一个史鱼，就会在千万人中形成正直的风气。所以圣人希望这类有美好名声的人不断出现，美名一直流传在世上，这意义不是很大吗？天地如此之大，人们无不仰慕美名，大概是因为人的性情，都喜欢善的东西。再说，祖先的好名声，对子孙来说就像是冠冕华堂，自古至今，获得祖先的声誉荫庇的人实在太多了。多行善事，树立名誉，就如同造房和种树，在生时获得它的利益，去世后又能泽被后世。世上的庸人，不了解此意，如果他们与那些美名与灵魂一起升华，与松柏一样长青的贤人相比，实在是太愚蠢了！"

涉务第十一

涉务，即专心致力于世务。本篇指出"士君子之处世，贵能有益于物"，批评了那些整日高谈阔论，"不知几月当下，几月当收"，于家于国毫无用处的贵族子弟；认为不论哪一种事务，只要能做到精通的地步，就能既有益于国家，又有益于自身。

士君子之处世，贵能有益于物耳，不徒高谈虚论，左琴右书，以费人君禄位也。国之用材，大较不过六事：一则朝廷之臣，取其鉴达治体^①，经纶博雅；二则文史之臣，取其著述宪章，不忘前古；三则军旅之臣，取其断决有谋，强干习事；四则藩屏之臣^②，取其明练风俗，清白爱民；五则使命之臣，取其识变从宜，不辱君命；六则兴造之臣，取其程功节费^③，开略有术，此则皆勤学守行者所能辨也。人性有长短，岂责具美于六涂哉？但当皆晓指趣，能守一职，便无愧耳。

【注释】

① 治体：指国家的体制、法度。

② 藩屏：藩篱屏蔽，比喻藩国。

③ 程功：衡量功绩，计算完成工程的进度。

【译文】

士大夫处身立世，贵在能够做一些有益于人的事，不能光是高谈阔论，无事研习琴书，虚耗君主给他俸禄官位。国家使用人材，大体不外乎六个方面：一是在朝廷处理政务的大臣，需要他通晓治理国家的体制纲要，满腹经纶，博学文雅；二是掌管文史的大臣，他要能撰写各种典章法令，不忘前代经验教训；三是统领军队的大臣，他要能机智多谋，勇于决断，熟悉用兵之事；四是驻守边疆的大臣，他要能熟悉当地风俗，为政廉洁，爱护百姓；五是出使外邦的大臣，他要能机智灵活，随机应变，不辱没君王的使命；六是负责兴造的大臣，他要能考核工程节省费用，在节省开支的基础上多做事情：这都是勤奋学习、品行端正的人所能办到的。只是人的秉性各有长处和短处，哪能强求这六个方面都做好呢？只要对这些都通晓大意，而做好其中的一个方面，就可以心无愧疚了。

吾见世中文学之士，品藻古今①，若指诸掌，及有试用，多无所堪。居承平之世，不知有丧乱之祸；处庙堂之下，不知有战陈之急；保俸禄之资，不知有耕稼之苦；肆吏民之上，不知有劳役之勤：故难可以应世经务也。晋朝南渡②，优借士族；故江南冠带③，有才干者，擢为令仆已下尚书郎中书舍人已上，典掌机要。其余文义之士，多迂诞浮华，不涉世务；纤微过失，又惜行捶楚，所以处于清高，盖护其短也。至于台阁令史，主书监帅，诸王签省，并晓习吏用，济办时须，纵有小人之态，皆可鞭杖肃督，故多见委使，盖用其长也。人每不自量，举世怨梁武帝父子爱小人而疏士大夫，此亦眼不能见其睫耳。

【注释】

①品藻：评议鉴定等级。

②晋朝南渡：指建武元年（317）西晋灭亡，司马睿南渡并在建康建立东晋一事。

③冠带：士族、缙绅的代称，以其戴冠束带故称。

【译文】

我见到世上的文学之士，评议古今，好似指点掌中之物一般，非常熟悉，但等到真正让他们去处理实际事务时，却多数不能胜任。他们生活在太平之世，不知道有丧乱之祸；身在朝廷之上，不知道有战争激斗的危急；享受安定的俸禄，不知道百姓春种秋收的辛苦；肆意横行于吏民头上，不知道从事劳役之人的奔波之苦：所以他们就很难应付时世和处理政务。东晋南渡之后，朝廷对士族优待宽容，因此江南的文士缙绅中凡是有才干的，就能提拔到尚书令、尚书仆射以下，尚书郎、中书舍人以上，执掌国家机要。其余只懂得一点文义的人，多半迂诞浮华，不涉世务；有了点小过错，又不好严厉杖责，因而只好把他们放在一些名高职轻的位置上，来遮盖他们的短处。至于那些台阁令史、主书、监帅、诸王的典签、省事这一类的职务，都要求对官吏的那一套工作通晓熟练，处理事务，适应需要，他们即使有粗鄙小人的种种毛病，也可以对他们实行鞭打的刑罚，所以他们反而多被委任使用，这是利用了他们的长处。人往往没有自知之明，世人都抱怨梁武帝父子喜欢粗鄙小人而疏远士大夫，这也就像眼睛不能看到眼睫毛的道理是一样的。

梁世士大夫，皆尚褒衣博带，大冠高履，出则车舆，入则扶侍，郊郭之内，无乘马者。周弘正为宣城王所爱，给一果下马①，常服御之，举朝以为放达。至乃尚书郎乘马，则纠劾之。及侯景之乱②，肤脆骨柔，不堪行步，体羸气弱③，不耐寒暑，坐死仓猝者，往往而然。建康令王复性既儒雅，未尝乘骑，见马嘶喷陆梁④，莫不震慑，乃谓人曰："正是虎，何故名为马乎？"其风俗至此。

【注释】

①果下马：古时名马，身高三尺，骑之可从果树下过，故名。

②侯景之乱：侯景，南朝梁人，于梁武帝末年发动兵变，攻破梁都建康。

③羸（léi）：瘦弱。

④嘶喷：马嘶鸣。陆梁：跳跃。

【译文】

梁朝的士大夫，都喜欢穿宽大的衣服系宽阔的腰带，戴高帽子，穿厚底鞋，出门就乘车代步，进门就有人搀扶伺候，无论是在城里还是城外，都见不到骑马的士大夫。宣城王很喜欢南朝学者周弘正，赐给他一匹果下马，周弘正常常骑着这匹马，结果朝廷上下都认为他放达不羁。当时的尚书郎如果骑马，就会遭到弹劾。到了侯景之乱爆发的时候，士大夫们一个个都皮肤细嫩体格柔弱，承受不了步行的辛苦，他们体气虚弱，又不能经受气候的冷热变化，在变乱中因此而死的人，到处都是。建康令王复，性情温文尔雅，从未骑过马，一看见马嘶鸣跳跃的样子，就吓得魂飞魄散，他对人说道："这是老虎，为什么叫马呢？"当时的社会风气竟然到了这种程度。

古人欲知稼穑之艰难，斯盖贵谷务本之道也。夫食为民天，民非食不生矣，三日不粒，父子不能相存。耕种之，茠钼之①，刈获之，载积之，打拂之，簸扬之，凡几涉手，而入仓廪②，安可轻农事而贵末业哉？江南朝士，因晋中兴，南渡江，卒为羁旅，至今八九世，未有力田，悉资俸禄而食耳。假令有者，皆信僮仆为之，未尝目观起一垡土③，耘一株苗；不知几月当下，几月当收，安识世间余务乎？故治官则不了，营家则不办，皆优闲之过也。

是随意交给仆役来耕种，从没亲眼见过别人挖一块泥土，种一棵苗，他们连几月份播种，几月份收获都不知道，又怎能懂得其他事务呢？因此，他们做官时不识世务，治家时又不能处理得宜，这都是养尊处优带来的危害。

卷　五

省事第十二

省事，就是不费事，有些不该做的事就不要做。作者认为保全身家的方法之一就是不要多说话，不要多事，多说多败，多事多患，即"无多言，多言多败；无多事，多事多患"。历史上那些巧于辞令的人，虽然煊赫一时，可是最终都很难有好下场；正人君子应当有所必为，有所不为；要能够以道自守，不追求虚名。

铭金人云①："无多言，多言多败；无多事，多事多患。"至哉斯戒也！能走者夺其翼，善飞者减其指，有角者无上齿，丰后者无前足，盖天道不使物有兼焉也。古人云："多为少善，不如执一；鼫鼠五能②，不成伎术。"近世有两人，朗悟士也③，性多营综④，略无成名。经不足以待问，史不足以讨论，文章无可传于集录，书迹未堪以留爱玩，卜筮射六得三⑤，医药治十差五⑥，音乐在数十人下，弓矢在千百人中，天文、画绘、棋博、鲜卑语、胡书，煎胡桃油，炼锡为银，如此之类，略得梗概⑦，皆不通熟。惜乎，以彼神明，若省其异端⑧，当精妙也。

【注释】

①铭：刻在器物上用以记叙生平、事业，或警戒自己的文字。下文所引文字的意思是告诫人们不要多说话，言多失多；不要多事，多事便会多祸患。事见刘向《说苑·敬慎篇》："孔子之周，观于太庙，右陛之前，有金人焉，三缄其口，而铭其背曰：'古之慎言人也，戒之哉！戒之哉！无多言，多言多败；无多事，多事多患。'"

②鼫（shí）鼠：鼠名，也叫石鼠、土鼠。《尔雅·释兽》郭注："鼫鼠，形大如鼠，头似兔，尾有毛，青黄色，好在田中食粟豆，关西呼为鼩鼠。"五能：指鼫鼠有五种技能。《说文·鼠部》："鼫，五技鼠

也，能飞不能过屋，能缘不能穷木，能游不能渡谷，能穴不能掩身，能走不能先人，此之谓五技。"

③朗悟：聪敏。

④营综：经营综理。

⑤卜筮（shì）：古人预测吉凶，以龟甲为占称卜，用蓍草称筮，合称卜筮。射：猜度。

⑥差（chài）：病好了。

⑦梗概：大略，大概。

⑧异端：古代儒家称持不同见解的学派为异端，后泛称不合正统者为异端。《论语·为政》："攻乎异端，斯害也已。"

【译文】

铭刻在铜人身上的文字说："不要多话，多话会多错失；不要多事，多事会多祸患。"这个训诫对极了啊！善跑的上天不让它生翅膀，善飞的没有前爪，长了角的缺掉上齿，后肢发达的前肢退化，大概是天道不让生物兼具各种长处吧！古人说："做得多而做好的少，还不如专心做好一件；鼯鼠有五种本事，可都成不了好技术。"近代有两个人，都是聪明人，兴趣广泛，涉猎很广，可没有一样成名的。他们的经学禁不起人家提问，史学不足以和人家讨论，文章不能入选集录以流传于世，书法字迹不堪存留把玩，占卜六次才有三次卜中，医治十人只有五人能痊愈，音乐水平在几十人之下，弓箭技能在千百人之中，天文、绘画、棋博，鲜卑语、胡书，煎胡桃油，炼锡为银，诸如此类，只是懂个大概，都不精通熟练。可惜啊！凭这两位的聪明才智，如果能够醒悟到那些都是末技小道，专攻一项，应该会达到精妙的程度。

上书陈事，起自战国，逮于两汉①，风流弥广。原其体度：攻人主之长短，谏诤之徒也②；讦群臣之得失③，讼诉之类也；陈国家之利害，对策之伍也；带私情之与夺，游说之俦也④。总此四涂⑤，贾诚以求位⑥，鬻言以干禄⑦。或无丝毫之益，而有不省之困，幸而感悟人主，为时所纳，初获不赀之赏⑧，终陷不测之诛，则严助、朱买臣、吾丘寿王、主父偃之类甚众⑨。良史所书，盖取其狂狷一介⑩，论政得失耳，非士君子守法度者所为也。今世所睹，怀瑾瑜而握兰桂者，悉耻为之。守门诣阙，献书言计，率多空薄，高自矜夸，无经略之大体，咸秕糠之微事，十条之中，一不足采，纵合时务，已漏先觉，非谓不知，但患知而不行耳。或被发奸私，面相酬证，事途回穴，翻惧愆尤⑪；人主外护声教，脱加含养，此乃侥幸之徒，不足与比肩也。

【注释】

①逮（dài）：及，至。

②谏诤（zhèng）：直言规劝，止人之失。刘向《说苑·臣术》："有能尽言于君，用则留之，不用则去之，谓之谏；用则可生，不用则死，谓之诤。"

③讦（jié）：直言不讳。

④俦（chóu）：同类。

⑤涂：同"途"，道路。这里指途径。

⑥贾（gǔ）诚：出卖忠心。

⑦鬻（yù）言：出卖言论。

⑧不赀（zī）：不可计量。

⑨严助、朱买臣、吾丘寿王、主父偃：皆汉武帝时人，曾显贵一时，后皆死于非命。

⑩狂狷（juàn）：激进与拘谨保守，因为二者皆偏于一面，后泛指偏激。狷，洁身自好。《论语·子路》："子曰：'不得中行而与之，必也狂狷乎！狂者进取，狷者有所不为也。'"

⑪愆（qiān）尤：过失，罪咎。

【译文】

向君主上书陈事，这种风气起自战国，到了两汉，流行更广。推究它的体制：指责君主的过失，这是直言不阿的一类；直言群臣的得失，这是诉讼的一类；陈述国家政策的利弊，这是属于对策的一类；带着个人感情进行褒贬，这是游说的一类。总的来看这四种情况，都是出卖忠心以求高官，出卖言论以求厚禄。这种上书有的不但不能带来丝毫利益，反而会因君主不理解而招致困厄，即使侥幸打动了君主的心，获得当世采纳，起初得到不可比拟的优待，最后也往往招致难以预料的杀身之祸，像严助、朱买臣、吾丘寿王、主父偃之类的例子有很多。优秀的史官之所以记录这些，是取其狂狷耿介，敢于评论时政得失罢了，这不是士大夫君子和遵守国家法度的人做的事。我们现在看到,凡是怀才抱德的君子都耻于上书言事。趋赴宫廷,向君主上书言计的人,大都是些腹中空空,学识浅薄,自命不凡的人,他们上书陈述的不是处理国事,有关大局的道理,都是一些无足轻重的小事,十条建议中,没有一条值得采纳,纵使有那么一两条合乎时务的,也都是君主已经认识到的,不是不明白,只是担心知道而不能实行。有的上书者被人揭发怀有奸情私谋,与人当面对质,他们因为事情变化无常,反而畏惧自己的罪过;君主对外为了维护朝廷的声威教化,或许会对他们加以包容,这些都是侥幸之辈,不足以和他们为伍。

谏诤之徒,以正人君之失尔,必在得言之地,当尽匡赞之规①,不容苟免偷安,垂头塞耳;至于就养有方②,思不出位,干非其任,斯则罪人。故《表记》云③:"事君,远而谏,则谄也;近而不谏,则尸利也④。"《论语》曰:"未信而谏,人以为谤己也⑤。"

【注释】

①匡赞:匡正辅佐。《南齐书·王晏传》:"隆昌以来,运集艰难,匡赞之功,颇有心力。"

②就养:侍奉,奉养。

③《表记》:《礼记》篇名。

④尸利:是指身居官位接受俸禄而无所作为。语出《礼记·表记》:"事君,远而谏,则谄也;近而不

谏，则尸利也。"孔颖达疏曰："若亲近于君而不谏，
则似如尸之受利禄也。"

⑤谤（bàng）：诽谤，毁谤。文中所引出自《论
语·子张》："子夏曰：'君子信而后劳其民。未信，
则以为厉己也。信而后谏，未信，则以为谤己也。'"

【译文】

处于谏诤之位的臣子，是负责纠正君主过失的，必须
在该说话的地方，尽其匡正辅佐的责任，不容许苟且偷安，
低头塞耳装作不知；至于侍奉君主要有一定的方法，考虑
问题不要超出自己的职责范围，如果做的事不是自己职务
分内的，那就是朝廷的罪人。所以《礼记·表记》中说：
"侍奉君主，与君主关系疏远而进谏，有谄媚的嫌疑；与君
主关系亲近而不进谏，就是白食俸禄。"《论语·子张》中
说："没有得到对方的信任而进谏，对方会认为你是在讥谤
他。"

君子当守道崇德，蓄价待时①，爵禄不登，信
由天命。须求趋竞，不顾羞惭，比较材能，斟量功
伐②，厉色扬声，东怨西怒；或有劫持宰相瑕疵③，
而获酬谢，或有喧聒时人视听④，求见发遣⑤；以此
得官，谓为才力，何异盗食致饱，窃衣取温哉！世
见躁竞得官者，便谓"弗索何获"；不知时运之来，
不求亦至也。见静退未遇者，便谓"弗为胡成"；
不知风云不与，徒求无益也。凡不求而自得，求而
不得者，焉可胜算乎！

【注释】

①蓄价：蓄养名誉身价。

②功伐：功劳，功勋。

③劫持：要挟，挟持。瑕疵：玉的斑痕，比喻人的过
失或事物的缺点。

④喧聒（guō）：喧嚣刺耳。

⑤发遣：派遣，差遣。

【译文】

　　君子应当坚守正道，增强自身道德修养，蓄养身价名
望，等待合适的机会，就算不能得到高官厚禄，那也是由
上天安排。要是主动奔走索求，不顾羞耻，和别人比较才
能，评论功绩，面带怒容高声呼喊，整天怨这怪那；或者
以宰相的短处相要挟，以获得酬谢；或者在世人面前哗众
取宠扰乱视听，以求早日被派遣官职；通过这些手段得到
官职，认为是有能力，这跟偷东西吃使自己饱足，偷衣服
穿以使自己温暖有什么区别呢！世上的人看到那些到处奔
走求谒而得到官职的人，便说"不主动索取哪里会得到"；
他们不知道，一个人的时运若是来到时，不去索取也能得
到。看到那些恬淡谦退而没有得到重用的人，他们便说
"不去争取怎么会有收获呢"；他们不知道时势不允许，白
白追求也是没用的。所有不索求而获得的人，以及索求而
不获的人，多得数都数不清。

　　齐之季世①，多以财货托附外家，喧动女谒②。
拜守宰者，印组光华③，车骑辉赫，荣兼九族，取

贵一时。而为执政所患，随而伺察，既以利得，必以利殆，微染风尘，便乖肃正④；坑阱殊深⑤，疮痏未复⑥，纵得免死，莫不破家，然后噬脐⑦，亦复何及？吾自南及北，未尝一言与时人论身份也，不能通达，亦无尤焉。

【注释】

①季世：末代，衰败时期。

②女谒（yè）：谓通过宫中嬖宠的女子干求请托，后泛指通过有权势的妇女干求请托。

③印组：印信和系印信的丝带。古人印信上系有丝带，佩带在身。

④乖：背离，违背。肃正：犹端正。

⑤坑阱（jǐng）：用以捕兽或擒敌的陷阱，常比喻害人的圈套。

⑥疮痏（wěi）：疮疡，伤痕。

⑦噬（shì）脐：自啮腹脐，比喻后悔不及。

【译文】

北齐王朝的末世，很多人用财物贿赂依附外戚权贵，通过宫中的宠姬来为自己干求请托。一旦被授为地方长官，则身上官印绶带光华闪耀，车马光鲜显赫，荣耀遍及九族，荣华富贵一时而得。然而这些人往往被执政者所厌恶，随即对其进行侦视观察，既然是通过钱财取得好处，也必定会因为钱财而招致危亡，稍微沾染世间庸俗之事，便违背了端正之道；陷阱太深，遭受的创伤没有恢复，即使免于一死，也还是免不了家门离散，这时候后悔莫及，又有什么用？我从南方到北方，不曾跟别人说起过一句论及身份地位的话，不能够亨通显达，也没有怨言。

王子晋云①："佐饔得尝②，佐斗得伤。"此言为善则预，为恶则去，不欲党人非义之事也。凡损于物，皆无与焉。然而穷鸟入怀，仁人所悯；况死士归我③，当弃之乎？伍员之托渔舟④，季布之入广柳⑤，孔融之藏张俭⑥，孙嵩之匿赵岐⑦，前代之所贵，而吾之所行也，以此得罪，甘心瞑目。至如郭解之代人报仇⑧，灌夫之横怒求地⑨，游侠之徒，非君子之所为也。如有逆乱之行，得罪于君亲者，又不足恤焉⑩。亲友之迫危难也，家财己力，当无所吝；若横生图计，无理请谒，非吾教也。墨翟之徒⑪，世谓热腹，杨朱之侣⑫，世谓冷肠；肠不可冷，腹不可热，当以仁义为节文尔。

【注释】

①王子晋：周灵王的太子，传说他死后成仙，即王子乔。

②佐饔（yōng）：协助制作菜肴。尝：吃。

③死士：敢死的勇士。

④伍员：即伍子胥，春秋时期楚国人，其父兄都被楚平王杀害，他出逃至吴国，后领兵打败楚国。传说他在出逃时曾经得到一个渔人的帮助。事见《史记·伍子胥列传》。

⑤季布：楚人，项羽的将领，曾经多次围困刘邦。刘邦灭项羽之后曾以千金重赏求捕他。事见《史记·季布栾布列传》。广柳：大篷丧车。濮阳周氏曾将季布藏于广柳车中，卖于朱家为奴。

⑥孔融：东汉末期鲁人，字文举，建安七子之一，后为曹操所杀。张俭：字符节，山阳高平人。他曾投奔孔融的哥哥孔褒，正巧孔褒不在家，孔融便自做主张收留了他。事见《后汉书·郑孔荀列传》。

⑦赵岐：字邠卿，京兆长陵人，因为得罪宦官，出逃至北海，得到孙嵩的救助。事见《后汉书·吴延史卢赵列传》。

⑧郭解：字翁伯，汉代游侠，后被族诛。事见《史记·游侠列传》。

⑨灌夫：西汉人，字仲孺。为人刚正不阿，后被田蚡弹劾以不敬罪族诛。事见《史记·魏其武安侯列传》。

⑩恤：体恤，怜悯。

⑪墨翟：春秋、战国之际的思想家，墨家学派的创始人，主张“兼爱”“非攻”“尚同”。

⑫杨朱：战国时期魏国人，字子居，又称杨子、阳子或阳生。年代后于墨翟，早于孟子，他的学说重在爱己，不以物累，不拔一毛以利天下，与墨子的“兼爱”思想相对。

【译文】

王子晋说：“协助别人做菜可以吃到佳肴，帮人打架会受到伤害。"这话是说别人做好事要参与，别人做坏事要避开，不要和人结伙做不正当的事。凡是损害别人利益的事都不参与。然而无处可去的小鸟飞到自己怀里，仁慈的人都会怜悯它；更何况是敢死的勇士前来投奔我，难道要舍弃他么？伍子胥托身渔舟，季布被人藏在广柳车中，孔融收留张俭，孙嵩藏匿赵岐，这些都是受到前人崇尚的行为，也是我所遵从奉行的，即使因此而获罪，也心甘情愿死而瞑目。至于像郭解那样因小利而替别人报仇，灌夫为人怒责田蚡索求田户，这是游侠一类，不是君子所为之事。若是因为谋逆叛乱的行为，受到君主和长辈的怪罪与责罚，这就不值得同情了。亲友处在窘迫危难的时候，自己的财产和才力应当毫不吝惜；要是有人图谋不轨，提出一些无理的请托，那不是我教你们怜悯的人。墨家学派的人，世人认为是心肠热忱的人；杨朱学派的人，世人认为是心肠冷漠的人。心肠不可过冷，也不可过热，应当以礼制和道义来节制。

　　前在修文令曹，有山东学士与关中太史竞历①，凡十余人，纷纭累岁，内史牒付议官平之②。吾执论曰："大抵诸儒所争，四分并减分两家尔。历象之要③，可以晷景测之④；今验其分至薄蚀，则四分疏而减分密。疏者则称政令有宽猛，运行致盈缩，非算之失也；密者则云日月有迟速，以术求之，预知其度，无灾祥也⑤。用疏则藏奸而不信，用密则任数而违经。且议官所知，不能精于讼者，以浅裁深，安有肯服？既非格令所司⑥，幸勿当也。"举曹贵贱⑦，咸以为然。有一礼官，耻为此让，苦欲留连，强加考核。机杼既薄，无以测量，还复采访讼人，窥望长短，朝夕聚议，寒暑烦劳，背春涉冬，竟无予夺，怨诮滋生，赧然而退，终为内史所迫：此好名之辱也。

【译文】

以前我在修文令曹的时候，山东学士和关中太史争论历法，参与争论的约有十多人，连年混争，以致内史下了公文交付议官来平息纷争。我提出异议说："基本上大家所争论的，不过是'四分历'和'减分历'两家。推测天体运行的关键，可以通过晷影来测算，现在根据春分秋分，冬至夏至和日食月食来验证，可以看出'四分历'太疏而'减分历'太密。主张'四分历'的一方认为政令有宽猛之别，天体的运行也会导致长短之分，这并不是历法计算的失误；主张'减分历'的一方则说日月运行有快有慢，运用一定的方法推求，就可以预先知道它们运行的度次，没有什么祸福之说。采用较疏的'四分历'可能藏奸而不明确；采用较密的'减分历'虽然顺应天数却违背经义。况且议官所懂得的天文知识，并不比争论的双方更为精通，让学识浅薄的人去评判学识渊博的人，怎么会有人信服呢？这既然不是律令所掌管的事，最好不要由他们来处理。"令曹上下所有人，都认为我说的有道理。有一个礼官，耻于做出这种让步，苦苦纠缠，想尽办法加以验证。他本身学问就浅，没有办法测量计算，于是就不断对争论的双方进行搜求访问，暗中查测双方短长，他们时常聚在一起讨论，不分寒暑为之劳烦，然而由春至冬，还是不能裁决，很多人都埋怨他、嘲笑他，他也只好含羞而退，最终受到内史的斥责：这就是追求虚名所带来的羞辱啊。

止足第十三

　　止足，意思是凡事知止知足，不能贪得无厌。本篇指出不论是做官还是积财都要有个限度，不能放纵自己的欲望。

《礼》云："欲不可纵，志不可满。"宇宙可臻其极^①，情性不知其穷，唯在少欲知足，为立涯限尔。先祖靖侯戒子侄曰："汝家书生门户，世无富贵；自今仕宦不可过二千石^②，婚姻勿贪势家。"吾终身服膺^③，以为名言也。

【注释】

①臻（zhēn）：达到。

②二千石（dàn）：汉制，郡守俸禄为二千石，即每月俸禄为百二十斛。世因称郡守为"二千石"。

③服膺（yīng）：铭记在心，衷心信奉。

【译文】

《礼记》中说："欲望不可以放纵，志向不可以满足。"宇宙还可到达边缘，人的本性则没有个尽头，只有减少欲望，知道满足而止，给自己立个限度。先祖靖侯曾经教诫子侄说："你们家是读书人家，世世代代没有出现过大富大贵之人；从今以后，做官不可超过太守这个职位，缔结婚姻不要攀附权力显赫的人家。"这些话，我终身铭记在心，并认为这是至理名言。

天地鬼神之道，皆恶满盈。谦虚冲损，可以免害。人生衣趣以覆寒露^①，食趣以塞饥乏耳。形骸之内^②，尚不得奢靡，己身之外，而欲穷骄泰邪^③？周穆王、秦始皇、汉武帝，富有四海，贵为天子，不知纪极^④，犹自败累，况士庶乎？常以二十口家，奴婢盛多，不可出二十人，良田十顷，堂室才蔽风雨，车马仅代杖策，蓄财数万，以拟吉凶急速，不啻此者⑤，以义散之；不至此者，勿非道求之。

【注释】

①趣：通"取"，仅仅。

②形骸：人的躯体。

③骄泰：骄恣放纵。

④纪极：终极，限度。

⑤不啻（chì）：不仅，何止。

【译文】

天地鬼神之道，都厌恶满盈。谦虚自抑，可以减少祸患。人活着，穿衣服的目的不过是用它覆盖身体以免寒冷裸露，吃东西的目的也仅仅在填饱肚子以免饥饿乏力而已。自身躯体尚且不求奢侈浪费，自身之外，还要极尽骄奢舒泰吗？周穆王、秦始皇、汉武帝，富有天下，贵为天子，不懂得适可而止，还招致伤败受害，何况是普通人呢？我总认为二十口之家，奴婢最多不可超出二十人，有十顷良田，堂室仅能遮挡风雨，车马只求代替扶杖步行。积蓄几万钱财，用来准备婚丧和应急之用。超出这个标准的，要通过做好事来散掉；没有到达这个程度的，也切勿用不正当的办法来求取。

仕宦称泰①，不过处在中品，前望五十人，后顾五十人，足以免耻辱，无倾危也。高此者，便当罢谢，偃仰私庭②。吾近为黄门郎，已可收退，当时羁旅，惧罹谤讟③，思为此计，仅未暇尔。自丧乱已来，见因托风云，徼幸富贵，且执机权，夜填坑谷，朔欢卓、郑④，晦泣颜、原者⑤，非十人五人也。慎之哉！慎之哉！

【注释】

①泰：通达。

②偃仰：安居，游乐。

③罹：被，遭受。谤讟（dú）：怨恨毁谤。

④卓、郑：卓氏与程郑，皆是《史记·货殖列传》所记载的大商人，富比王侯。

⑤颜：颜回。原：原思。都是孔子的弟子。

【译文】

做官可以称得上稳妥的，是处在中品的官位，前面有五十个人，后面有五十个人，这就足以避免耻辱，没有倾覆的危险。若官位高于中品，就应当告退谢绝，安居家中。我前不久获任黄门郎这一职务，已经该收敛告退了，但是因为正客居他乡，怕遭到别人的怨恨和毁谤，心里有这个打算，但是却没有机会。自从丧乱发生以来，我见过很多乘机得势，侥幸取得富贵的人，早上还大权在握，晚上就葬身荒野。月初时还是像卓氏、郑氏那样快乐的富豪，月底却成了像颜回、原思那样寒苦的贫士，这种人不止五个十个啊。一定要谨慎，要谨慎啊！

诫兵第十四

　　这一篇，作者主要论述对习武带兵的态度，他先从颜氏的祖先讲起，列举本族之中因从武而取祸的例子，认为世习儒雅，恪守士大夫之风才可以保全门户。

颜氏之先，本乎邹、鲁，或分入齐，世以儒雅为业，遍在书记①。仲尼门徒，升堂者七十有二，颜氏居八人焉②。秦、汉、魏、晋，下逮齐、梁，未有用兵以取达者。春秋世，颜高、颜鸣、颜息、颜羽之徒，皆一斗夫耳③。齐有颜涿聚④，赵有颜冣⑤，汉末有颜良⑥，宋有颜延之⑦，并处将军之任，竟以颠覆。汉郎颜驷⑧，自称好武，更无事迹。颜忠以党楚王受诛⑨，颜俊以据武威见杀⑩，得姓已来，无清操者⑪，唯此二人，皆罹祸败。顷世乱离，衣冠之士，虽无身手，或聚徒众，违弃素业，徼幸战功。吾既羸薄⑫，仰惟前代，故寘心于此⑬，子孙志之。孔子力翘门关⑭，不以力闻，此圣证也。吾见今世士大夫，才有气干，便倚赖之，不能被甲执兵，以卫社稷，但微行险服⑮，逞弄拳腕，大则陷危亡，小则贻耻辱，遂无免者。

【注释】

①书记：指文字、书籍、文章等。

②居：占。

③斗夫：武夫。

④颜涿聚：即颜庚。

⑤颜冣（zuì）：事见《史记·赵世家》："幽缪王迁七年，秦人攻赵，赵大将李牧，将军司马尚将，击之。李牧诛，司马尚免，赵忽及齐将颜冣代之。赵忽军破，颜冣亡去。"

⑥颜良：袁绍属下将领，后为关羽所杀。事见《三国志》。

⑦颜延之：字延年，南朝宋人。官至金紫光禄大夫，文章冠绝当时。事见《宋书·颜延之传》。

⑧颜驷：汉代人，于汉文帝时为郎，历文帝、景帝、武帝三世，不获任用，老于郎署。事见《汉武故事》。

⑨颜忠：汉人，曾参与楚王英的谋反，事发，被诛。事见《后汉书·光武十王列传》。

⑩颜俊：三国时人。《三国志·魏书·刘司马梁张温贾传》："是时，武威颜俊、张掖和鸾、酒泉黄华、西平麹演等并举郡反，自号将军，更相攻击。俊遣使送母及子诣太祖为质，求助。太祖问既，既曰：'俊等外假国威，内生傲悖，计定势足，后即反耳。今方事定蜀，且宜两存而斗之，犹卞庄子刺虎，坐收其毙也。'太祖曰：'善。'岁余，鸾遂杀俊，武威王秘又杀鸾。"

⑪清操：高尚的节操。

⑫赢薄：瘦弱。

⑬真（zhì）：置，安置。

⑭翘：举。门关：门闩。

⑮微行：指悄无声息的行动。险服：不合礼制的服饰，奇异的服装。

【译文】

颜氏的祖先，本来在邹国、鲁国，有的分支迁到齐国，世代从事儒雅的事业，这都在古书上面记载着。孔子的学生，学问精深的有七十二人，姓颜的就占了其中八个。从秦汉、魏晋，直到齐梁，颜氏家族中没有靠带兵打仗来取得显贵的人。春秋时期，颜高、颜鸣、颜息、颜羽等人，都不过是一介武夫罢了。齐国的颜涿聚，赵国的颜冣，东汉末年的颜良，南朝宋的颜延之，都担任过将军的职务，最终都因此而倾覆败亡。汉时侍郎颜驷，自称喜好武功，却没有见他干出什么功绩。颜忠因党附楚王而被杀，颜俊因谋反占据武威而被诛，颜氏家族从得此姓以来，节操不清白的，只有这两个人，他们都遭到祸患失败。近代天下大乱，有些士大夫和贵族子弟，虽然没有勇力习武，却聚集众人，放弃一贯从事的儒雅事业，想侥幸获取战功。我身体瘦弱单薄，又想起颜氏家族前人因好兵致祸的教训，所以仍旧把心放在读书上面，子孙们对这一点要牢记在心里。孔子的力气大到能举起沉重的关门，却不肯以力大闻名于世，这是圣人留下的榜样。我看到今世的士大夫，稍微有点气力，就以此作为资本，不能披铠甲执兵器来保卫国家，而是行踪神秘，穿着奇装异服，卖弄拳勇，重则陷于危亡，轻则留下耻辱，最后没有人能避免这一下场。

国之兴亡，兵之胜败，博学所至，幸讨论之。入帷幄之中，参庙堂之上，不能为主尽规以谋社稷，君子所耻也。然而每见文士，颇读兵书，微有经略，若居承平之世，睥睨宫阃^①，幸灾乐祸，首为逆乱，诖误善良^②；如在兵革之时，构扇反复^③，纵横说诱，不识存亡，强相扶戴^④：此皆陷身灭族之本也。诚之哉！诚之哉！

【注释】

①睥睨（pìnì）：斜视。这里可理解为窥视、侦伺。阃
（kǔn）：门槛，借指军事或政务。

②诖（guà）误：贻误，连累。

③构扇：挑拨煽动。

④扶戴：扶立拥戴。

【译文】

国家的兴亡，战争的胜败这类问题，在学识够渊博的
时候，是可以讨论的。在军队中运筹帷幄，在朝廷里参与
议政，如果不能尽力为君主出谋献策，以保全国家，这是
君子引以为耻的事情。然而我常常看见一些文人，粗略地
读过几本兵书，稍微懂得一些谋略，如果是生活在太平盛
世，他们就蔑视宫廷，幸灾乐祸，带头起来叛乱，连累善
良的人；如果是在兵荒马乱的时代，他们就勾结煽动众人
反叛，无所顾忌，四处游说，拉拢诱骗，不能识见存亡之
机，拼命相互扶植拥戴：这些都是招致杀身灭族的祸根。
一定要以之为诫！要以之为诫啊！

习五兵①，便乘骑，正可称武夫尔。今世士大
夫，但不读书，即称武夫儿，乃饭囊酒瓮也。

【注释】

①五兵：五种兵器。所指不一，后泛指各种兵器。

【译文】

　　熟练地使用五种兵器，擅长骑马，这才可以称得上武夫。当今的士大夫，只要不肯读书，就称自己是武夫，实际上不过是酒囊饭袋罢了。

养生第十五

　　这一篇主要论述作者关于养生的看法。针对当时社会上流行的服药养生的情况，作者列举了一些因服药养生而被药物所害的例子。他认为真正的养生必须注意避祸，要将保养身体和修身立世结合起来，通过叙述嵇康因傲物而受刑，石崇因贪溺而取祸的例子，来说明如果不能全身避祸，无论多么精于养生之术也是无用的。

　　神仙之事，未可全诬①；但性命在天，或难钟值②。人生居世，触途牵絷③：幼少之日，既有供养之勤；成立之年，便增妻孥之累。衣食资须，公私驱役；而望遁迹山林，超然尘滓，千万不遇一尔。加以金玉之费，炉器所须，益非贫士所办。学如牛毛，成如麟角。华山之下，白骨如莽，何有可遂之理？考之内教，纵使得仙，终当有死，不能出世。不愿汝曹专精于此。若其爱养神明，调护气息，慎节起卧，均适寒暄，禁忌食饮，将饵药物④，遂其所禀⑤，不为夭折者，吾无间然。诸药饵法，不废世务也。庾肩吾常服槐实⑥，年七十余，目看细字，须发犹黑。邺中朝士，有单服杏仁、枸杞、黄精、术、车前得益者甚多⑦，不能一一说尔。吾尝患齿，摇动欲落，饮食热冷，皆苦疼痛。见《抱朴子》牢齿之法，早朝叩齿三百下为良；行之数日，即便平愈，今恒持之。此辈小术，无损于事，亦可修也。凡欲饵药，陶隐居《太清方》中总录甚备⑧，但须精审，不可轻脱。近有王爱州在邺学服松脂，不得节度，肠塞而死，为药所误者甚多。

【注释】

①诬：虚假，虚妄。

②钟值：正好遇上。

③牵絷（zhí）：牵绊。

④饵：服食，吃。

⑤禀：领受，承受。

⑥庾肩吾：南朝梁代人，字子慎，庾信的父亲。工诗赋，有《书品》传世。

⑦术（zhú）：草名。多年生草本，有白术、苍术等数种，根茎可入药。

⑧陶隐居：指陶弘景。

【译文】

得道成仙的事情，不能说全是假的；只是人的性命长短取决于天，很难遇到这种机会。人生在世，到处都有牵累羁绊：小时候，有侍奉父母的辛劳；成年以后，又增加了妻子儿女的拖累。既要解决衣食供给需求，又要为公事、私事操劳奔波；然而希望隐居山林之中，超脱于尘世的人，千万人中也遇不到一个。加上炼丹要耗费黄金宝玉，需要炉鼎器具，这更不是贫士所能办到的。学道的人多如牛毛，成仙的人却稀如麟角。华山下面，白骨多如野草，哪里有顺心如愿的道理？在佛理之中考校这个问题，即使能成仙，最后还是得死，并不能摆脱人世间的羁绊。我不愿意让你们专心致力于此事。如果是爱惜保养精神，调理护养气息，起居有规律，穿衣冷暖适当，饮食有所禁忌，吃些补药滋养，达到应尽之年，不致夭折，我也就没有什么可批评的了。掌握各种服药的方法，不要因此耽误了世间事务。庾肩吾常服用槐实，到了七十多岁，眼睛还能看清小字，胡须头发还很黑。邺城的朝廷官员有人专门服用杏仁、枸杞、黄精、白术、车前，从中得到很多好处，不能一一例举。我曾患有牙疼痛，牙齿松动快掉了，不管是吃冷的东西还是热的东西，都要疼痛受苦。看了《抱朴子》里固齿的方法，早上起来就叩碰牙齿三百次为佳；我坚持了几天，牙就好了，现在我还坚持这么做。这一类的小方法，对别的事没有损害，可以学学。凡是想要服用补药，陶隐居的《太清方》中收录的很完备，但是必须精心挑选，不能轻率。最近有个叫王爱州的人，在邺城效仿别人服用松脂，没有节制，结果因肠子堵塞而死。这种被药物所害的例子有很多。

夫养生者先须虑祸，全身保性。有此生然后养之，勿徒养其无生也。单豹养于内而丧外，张毅养于外而丧内①，前贤所戒也。嵇康著《养生》之论，而以傲物受刑；石崇冀服饵之征②，而以贪溺取祸③，往世之所迷也。

【注释】

①"单豹"两句：事见《庄子·达生》："善养者如牧羊，视其后者而鞭之。鲁有单豹者，岩居而水饮，不与民共利，行年七十，而犹有婴儿之色。不幸遇饿虎，饿虎杀而食之。有张毅者，高门县簿，无不走也，行年四十，而有内热之病以死。豹养其内而虎食其外，毅养其外而病攻其内：此二子者，皆不鞭其后者也。"

②石崇：西晋人，以富奢著称，为孙秀所杀。

③贪溺：贪于财货，溺于美色。

【译文】

养生的人首先应该考虑避免祸患，先要保住自身性命。有了生命，然后才得以保养它，不要白费心思地去保养不存在的所谓长生不老的生命。单豹这人很重视保养身心，但却因外界的因素而丢了性命；张毅这人很重视防备外来侵害，但死于内热病而丧生。这些都是前代贤者所引以为戒的。嵇康写了《养生论》，但是由于傲慢无礼而遭杀头；石崇希望服药延年益寿，却因贪财好色而招致杀身之祸，这都是前代那些糊涂人的例子。

夫生不可不惜，不可苟惜^①。涉险畏之途，干祸难之事，贪欲以伤生，谗慝而致死^②，此君子之所惜哉；行诚孝而见贼，履仁义而得罪，丧身以全家，泯躯而济国^③，君子不咎也。自乱离已来，吾见名臣贤士，临难求生，终为不救，徒取窘辱，令人愤懑。侯景之乱，王公将相，多被戮辱，妃主姬妾，略无全者。唯吴郡太守张嵊^④，建义不捷，为贼所害，辞色不挠^⑤。及鄱阳王世子谢夫人，登屋诟怒，见射而毙。夫人，谢遵女也。何贤智操行若此之难？婢妾引决若此之易？悲夫！

【注释】

①苟惜：以不正当手段爱惜。

②慝（tè）：灾害，祸患。

③泯躯：捐躯。济国：利国。谓对国家作出有益的贡献。

④张嵊：字四山，镇北将军稷之子也。曾经领兵讨伐
侯景，兵败被杀。事见《梁书·张嵊传》。

⑤辞色不挠：言辞和神色不屈服。

【译文】

生命不能不珍惜，也不能以不正当手段来爱惜。走上
邪恶危险的道路，卷入招致祸难的事情，追求欲望的满足
而丧身，为奸作恶而致死，在这些方面，君子应该珍惜生
命；做忠孝的事而被害，做仁义的事而获罪，舍弃自己的
生命而保全家族，捐躯救国，在这些事情上舍弃生命，君
子是不会怪罪的。自从梁朝乱离以来，我看到一些有名望
的官吏和贤能的文士，面临危难，苟且求生，最终求生不
得，还白白遭受窘迫和侮辱，真叫人愤懑。侯景作乱的时
候，朝廷的王公将相，大部分都遭到杀戮侮辱，妃嫔、公
主、姬妾，几乎没有幸存的。只有吴郡太守张嵊，组织义
军反抗侯景失败，被逆贼所杀，他的言辞和神色至死都不
屈服。还有鄱阳王世子萧嗣的夫人谢氏，她曾登上房顶怒
骂逆贼，中箭而死。谢夫人，是谢遵的女儿。为什么那些
贤明智能之士坚守操行是那样困难？而婢妾之辈舍身就义
反而如此容易？这真叫人觉得悲哀啊！

归心第十六

归心，归于佛心，虔诚信佛之意。作者在这一篇中叙述了自己对佛教的虔诚信仰，并围绕时人对佛教的诘难，从五个方面展开论述，维护佛教思想，告诫子孙要坚持持戒修行，不可虚度生命。文章后半部分列举了很多例子来论证佛家的因果报应思想。

三世之事①，信而有征，家世归心②，勿轻慢也。其间妙旨，具诸经论，不复于此，少能赞述；但惧汝曹犹未牢固，略重劝诱尔。

【注释】

①三世：佛家以过去、现在、未来为三世。

②归心：心悦诚服地归附。

【译文】

佛教中所说的过去、现在、未来三世之事，是可信而且可以得到验证的，我们家世代皈依佛教，不可轻视侮慢。其间精妙的意旨，都记载在佛教典籍里，我就不再在这里多作赞美转述了；我只怕你们的信佛之心不够牢固，重在对你们进行劝说诱导。

原夫四尘五荫①，剖析形有；六舟三驾②，运载群生：万行归空，千门入善，辩才智惠，岂徒“七经”、百氏之博哉③？明非尧、舜、周、孔所及也。内外两教，本为一体，渐积为异，深浅不同。内典初门④，设五种禁；外典仁义礼智信⑤，皆与之符。仁者，不杀之禁也；义者，不盗之禁也；礼者，不邪之禁也；智者，不酒之禁也；信者，不妄之禁也。至如畋狩军旅，燕享刑罚，因民之性，不可卒除，就为之节，使不淫滥尔。归周、孔而背释宗，何其迷也！

【注释】

① 四尘：佛教语。色、香、味、触的总称。五荫：即五蕴，也是佛教用语，指色、受、想、行、识五者假合而成的身心。色为物质现象，其余四者为心理现象。佛教不承认灵魂实体，以为身心虽由五蕴假合而不无烦恼、轮回。又名"五阴""五众"。

② 六舟：即六度，佛教语，又译为"六到彼岸"。"度"是梵文 pāramitā（波罗蜜多）的意译，指使人由生死之此岸度到涅槃（寂灭）之彼岸的六种法门：布施、持戒、忍辱、精进、精虑（禅定）、智慧（般若）。三驾：佛教以羊车喻声闻乘，鹿车喻缘觉乘，牛车喻菩萨乘，称三驾。

③ 七经：汉以来历代封建王朝所推崇的七部儒家经典。东汉《一字石经》作：《易》《诗》《书》《仪礼》《春秋》《公羊》《论语》。百氏：即诸子百家。

④ 内典：佛教徒称佛经为内典。

⑤ 外典：佛教徒称佛书以外的典籍为外典。

【译文】

推究"四尘"和"五荫"的道理，辨析世间有形之物，运用"六度""三驾"的方法修行，超度众生：佛教有众多的修行方法使人皈依空门，有许多的法门可使人进入善地，有高明辩才及超凡智慧，岂止像儒家七经和诸子百家那样只有广博的学问？佛教的见事之明，不是尧、舜、周公、孔子所能赶得上的。佛教和儒教本来是一体的，但两者在悟道的方式和目的上有所不同，所以境界深浅也不相同。

佛经的初学法门，设有五种禁戒；儒家经典所提倡的仁、义、礼、智、信五种德行，是与它相符合的。仁，是不杀生的禁戒；义，是不偷盗的禁戒；礼，是不做奸邪之事的禁戒；智，是不纵酒的禁戒；信，是不妄言的禁戒。至于像狩猎、战争、宴饮、刑罚这一类的，都是人的本性使然，不能即刻去除，就为它们设置一定的界限，使其不过分罢了。人们只知道尊崇周、孔，却违背佛家教义，这是多么糊涂啊！

俗之谤者，大抵有五：其一，以世界外事及神化无方为迂诞也①。其二，以吉凶祸福或未报应为欺诳也。其三，以僧尼行业多不精纯为奸慝也②。其四，以糜费金宝减耗课役为损国也。其五，以纵有因缘如报善恶，安能辛苦今日之甲，利益后世之乙乎？为异人也。今并释之于下云。

【注释】

①迂诞：迂阔荒诞，不合事理。

②奸慝（tè）：奸佞邪恶。

【译文】

世人对佛教的指责，大约有五种：第一，认为佛家所讲的现实世界之外的事以及神灵的变化无常是荒诞不羁的事。第二，因为现实的吉凶祸福没有得到相对的报应，就认为佛家强调的因果报应是欺骗世人的说法。第三，因为僧尼中有很多不清白的人，便认为佛门是藏污纳垢之地。

第四，认为僧尼虚耗财物且不交租不服役，有损于国家利益。第五，认为即使存在因果轮回善恶报应，哪能让今天的甲辛劳坎坷，以使后世的乙获利受益呢？因为甲和乙是不同的两个人。我现在在下面的文字里对这些指责一并作出解释。

释一曰：夫遥大之物，宁可度量？今人所知，莫若天地。天为积气，地为积块，日为阳精，月为阴精，星为万物之精，儒家所安也。星有坠落，乃为石矣；精若是石，不得有光，性又质重，何所系属？一星之径①，大者百里，一宿首尾②，相去数万；百里之物，数万相连，阔狭从斜，常不盈缩。又星与日月，形色同尔，但以大小为其等差；然而日月又当石也？石既牢密，乌兔焉容③？石在气中，岂能独运？日月星辰，若皆是气，气体轻浮，当与天合，往来环转，不得错违，其间迟疾，理宜一等；何故日月五星二十八宿④，各有度数⑤，移动不均？宁当气坠，忽变为石？地既滓浊，法应沉厚，凿土得泉，乃浮水上；积水之下，复有何物？江河百谷，从何处生？东流到海，何为不溢？归塘尾间⑥，漯何所到⑦？沃焦之石，何气所然？潮汐去还，谁所节度？天汉悬指⑧，那不散落？水性就下，何故上腾？天地初开，便有星宿；九州未划，列国未分，翦疆区野⑨，若为躔次⑩？封建已来⑪，谁所制割？国有增减，星无进退，灾祥祸福，就中不差；乾象之大，列星之伙，何为分野，止系中国？昴为旄头⑫，匈奴之次；西胡、东越⑬，雕题、交址⑭，独弃之乎？以此而求，迄无了者，岂得以人事寻常，抑必宇宙外也？

【注释】

①径：直径。

②宿（xiù）：星宿，我国古代指某些星的集合体。首尾：头和尾。

③乌兔：神话谓日中有乌，月中有兔，故以"乌兔"指日月。

④五星：指水、木、金、火、土五大行星，即东方岁星（木星）、南方荧惑（火星）、中央镇星（土星）、西方太白（金星）、北方辰星（水星）。《史记·天官书》："水、火、金、木、填星，此五星者，天之五佐。"二十八宿：指我国古代天文学家把周天黄道（太阳和月亮所经天区）的恒星分成的二十八个星座。《淮南子·天文训》："五星、八风，二十八宿。"高诱注云："二十八宿，东方：角、亢、氐、房、心、尾、箕；北方：斗、牛、女、虚、危、室、壁；西方：奎、娄、胃、昴、毕、觜、参；南方：井、鬼、柳、星、张、翼、轸也。"

⑤度数：以度为单位计量而得的数目。

⑥归塘：也称"归墟"，传说为海中无底之谷，是众水汇聚之处。《列子·汤问》："渤海之东，不知几亿

万里，有大壑焉，实惟无底之谷，其下无底，名曰
归墟。"张湛注曰："归墟，或作归塘。"尾闾：古
代传说中泄海水之处。《庄子·秋水》："天下之水，
莫大于海，万川归之，不知何时止而不盈；尾闾泄
之，不知何时已而不虚。"成玄英疏云："尾闾者，
泄海水之所也。"

⑦渫（xiè）：泄漏。

⑧天汉：天河。悬指：指定向悬挂。

⑨区野：分野。

⑩躔（chán）次：日月星辰在运行轨道上的位次。

⑪封建：封邦建国。古代帝王把爵位、土地分赐亲戚
或功臣，使之在各区域内建立邦国，相传黄帝为封
建之始。

⑫昴（mǎo）：二十八星宿之一，白虎七宿的第四宿，
又名髦头、旄头，有亮星七颗（古代以为五颗，故
有昴宿之精转化为五老的传说）。旄头：即昴星。
《汉书·天文志》："昴曰旄头，胡星也，为白衣
会。"

⑬西胡：古代对葱岭内外西域各族的泛称。匈奴居中，
称胡或北胡；乌桓、鲜卑在匈奴东，称东胡；西域
各族在匈奴西，称西胡。东越：古族名。古代越人
的一支。相传为越王勾践的后裔。秦汉时分布在今
浙江东南部、福建北部一带。汉武帝元鼎六年（前
111）东越王馀善反汉，旋被其部属所杀。部分族人
被迫迁入江淮地区。事见《史记·东越列传》。

⑭雕题：指古代南方雕额纹身之部族。交址：原为古地区名，又名交趾、交阯，泛指五岭以南。汉武帝时为所置十三刺史部之一，辖境相当于今广东、广西大部和越南的北部、中部。东汉末改为交州。

【译文】

对于第一种指责的解释：遥远广大的东西，怎么能够度量？现在人们所熟悉的事物，没有什么能够与上天和下地相比的。天由云气聚结而成，地由土石聚积而成，太阳是阳气的精华凝聚，月亮是阴气的精华凝聚，星辰是万物的精华凝聚，这是儒家所信奉的理论。陨落的地面上的星星，原来是石头；精华若是石头，就不会有光亮，况且石头有形体有重量，是靠什么悬挂在天上的呢？一颗星的直径，大的约有百里多长，一个星宿，头和尾之间相隔数万里；百里大的物体，相隔万里联成一体，它们之间的距离宽窄纵横排列都有一定的形态，一般不会变化。再者星辰和日月相比，形状和颜色都相同，不过以体积大小来作为等级区别，要是这样的话，那太阳和月亮也是石头么？石头的性质坚固牢密，太阳里的金乌和月亮中的玉兔又怎么置身其中呢？石头悬浮在气体之中，怎么能够独立运转？日月星辰如果都是气体，那么气体轻飘，应当与天空合而为一，来回循环运转，不可能互相交错，它们运行的速度，从道理上说应该是一致的；但为何日月以及五星和二十八宿各有一定的位置，运行速度快慢不均呢？难道是气体在坠落的时候，忽然变成石头？大地既然是细微实体所聚集而成的，按理说应当沉重厚实，可是深挖土地能够挖到泉水，这说明地是浮在水上的；那么聚集的流水下面又是什么呢？长江黄河以及众多的河流从哪里流出？江河的水都向东流入大海，海水为什么不会溢出来？传说中水都汇集到"归塘"和"尾闾"，那么其中的水又流向何处呢？如果说海水都被沃焦山的石头烧干了，那么又是什么气体使石头燃烧的呢？海水的潮汐涨落，又是谁在控制？银河悬挂在空中，为什么不会散落下来？水的特性从高处往低处流，又是什么原因使它升到天上？天地刚刚开辟的时候，就有了星宿；当时还没有划分九州分封列国，这些星宿划断疆界，区别地域，又是谁为它们在运行轨道上安排的位次？自从封邦建国以来，又是谁在主宰这些事呢？诸侯国有增有减，而星辰的位置却没有移动，其对应的吉凶祸福都照样发生，并无偏差；天象这样大，星辰如此多，为什么星宿划分的州郡疆野只限于中原地区呢？被称为旄头的昴星是对应匈奴的，同是少数民族的西胡、东越、雕题、交趾，这些地区就被弃置不管了么？这样的问题要是探求起来是永无尽头的，又怎能以人间事物的寻常道理去衡量宇宙之外的事呢？

凡人之信，唯耳与目；耳目之外，咸致疑焉。儒家说天，自有数义：或浑或盖，乍宣乍安。斗极所周[①]，管维所属[②]，若所亲见，不容不同；若所测量，宁足依据？何故信凡人之臆说[③]，迷大圣之妙旨，而欲必无恒沙世界、微尘数劫也[④]？而邹衍亦有九州之谈[⑤]。山中人不信有鱼大如木，海上人不

信有木大如鱼；汉武不信弦胶⑥，魏文不信火布⑦；胡人见锦，不信有虫食树吐丝所成；昔在江南，不信有千人毡帐，及来河北，不信有二万斛船：皆实验也。

【注释】

①斗极：北斗星与北极星。《尔雅·释地》："北戴斗极为空桐。"邢昺疏："斗，北斗也。极者，中宫天极星。"

②管维：亦作"筦维"，斗枢，古人指天宇所据以运转的枢纽。

③臆说：只凭个人想象的说法。

④恒沙：即"恒河沙数"，佛教语，形容数量多得无法计算。微尘：佛教语。色体的极小者称为极尘，七倍极尘谓之"微尘"，常用以指极细小的物质。

⑤邹衍：战国时期齐国人，曾著书讨论"九州"之事。事见《史记·孟子荀卿列传》。

⑥弦胶：即续弦胶。古代传说西海之中有凤麟洲，仙家以凤喙及麟角合煎作胶，名之为续弦胶，又名集弦胶、连金泥。此胶能续弓弩已断之弦，连刀剑断折之金，更以胶连续之处，使力士掣之，他处乃断，粘合之处，终无所损。

⑦火布：指火浣布。

【译文】

一般人所相信的都是自己亲耳听到亲眼见到的事；凡

是耳闻目睹之外的事都会加以怀疑。儒家对天的认识，有好几种学说：有浑天说，有盖天说，有宣夜说，有安天论。北斗星和北极星的运行，是依靠斗枢为转轴，若是亲眼所见就不会有不同的看法；若是猜测揣量，又怎么能够可靠呢？为什么相信普通人的主观猜测，而怀疑佛祖的精妙教义，非得认为没有像恒河沙子那样多的世界，不相信微小的尘埃也曾经历过多次劫难呢？况且，邹衍也曾提出过中国之外还有九州的说法。生活在山里的人不相信有树那样大的鱼，生活在海边的人不相信有鱼那样大的树；汉武帝不相信世上有续弦胶，魏文帝不相信世上有火浣布；胡人看见锦缎，不相信那是用吃树叶的虫子所吐的丝织成的；过去我在江南的时候，不相信有可以容纳上千人的毡帐，等到了黄河以北的地区之后，又发现这里的人不相信有可容纳两万斛的大船：这些都是实际的经验。

　　世有祝师及诸幻术[1]，犹能履火蹈刃，种瓜移井，倏忽之间，十变五化。人力所为，尚能如此；何况神通感应，不可思量，千里宝幢[2]，百由旬座[3]，化成净土，踊出妙塔乎[4]？

【注释】

①祝师：能祝物的巫师。

②宝幢（chuáng）：即经幢，刻有佛号或经咒的石柱。

③由旬：古印度计程单位。一由旬的长度，我国古时
　有八十里、六十里、四十里诸说。

④踊：向上升起，冒出。

【译文】

世间有巫师和熟悉各种幻术的人，他们都能踏火而行，在刀刃上行走，能使种下的瓜果立刻成熟，还可以移动深井，刹那之间，千变万化。人力的所作所为，尚能如此，何况佛的神通广大，更是不可想象估量的，能够变出高达千里的经幢，大至千里的莲花宝座，庄严洁净的极乐世界，使地上涌出座座宝塔。

释二曰：夫信谤之征，有如影响；耳闻目见，其事已多，或乃精诚不深，业缘未感①，时傥差阑②，终当获报耳。善恶之行，祸福所归。九流百氏，皆同此论，岂独释典为虚妄乎？项橐、颜回之短折③，伯夷、原宪之冻馁④，盗跖、庄蹻之福寿⑤，齐景、桓魋之富强⑥，若引之先业，冀以后生，更为通耳。如以行善而偶钟祸报，为恶而傥值福征，便生怨尤，即为欺诡⑦；则亦尧、舜之云虚，周、孔之不实也，又欲安所依信而立身乎？

【注释】

①业缘：佛教语。谓苦乐皆为业力而起，故称为"业缘"。《维摩诘经·方便品》："是身如幻，从颠倒起；是身如梦，为虚妄见；是身如影，从业缘现。"

②差阑：略迟，较晚。

③项橐（tuó）：古代的神童。《战国策·秦策五》："甘

罗曰：'夫项橐生七岁而为孔子师，今臣生十二岁于兹矣！君其试焉，奚以遽言叱也？'"颜回：孔子的学生，早亡。短折：夭折，早死。

④伯夷：古代的贤者，义不食周粟，饿死在首阳山下。事见《史记·伯夷列传》。原宪：孔子弟子。

⑤盗跖（zhí）：相传是黄帝时的大盗之名，春秋时期柳下惠的弟弟为天下大盗，所以世人称他为"盗跖"。事见《史记·伯夷列传》。庄蹻：战国楚威王时将军，后为大盗。

⑥齐景：齐景公。桓魋（tuí）：春秋时期宋司马向魋，因是宋桓公之后，故称"桓魋"，他对孔子很不友好。事见《史记·孔子世家》："孔子去曹适宋，与弟子习礼大树下。宋司马桓魋欲杀孔子，拔其树。孔子去。弟子曰：'可以速矣。'孔子曰：'天生德于予，桓魋其如予何！'"

⑦欺诡（guǐ）：即欺诈。

【译文】

对于第二种指责的解释：我相信你们所指责的因果报应之说，这报应就像影子跟随形体、回响伴着声音一样；我所耳闻目睹的这类事情，已经有很多了，有的时候可能是因为诚心不够，缘分不到，报应的时间可能会较迟，但最终还是会得到报应的。一个人是行善还是行恶，注定了他是招致灾祸还是获得福报。九流百家各个学派都认同这一说法，难道只有佛教典籍是虚假骗人的么？项橐、颜回的短命早死，伯夷、原宪的忍饥受冻，盗跖、庄蹻的幸福长寿，齐景公、桓魋的富足强大，若把这些看成是他们的前身积下的祸福，报应在后人身上，这就可以讲得通了。如果因为做了好事而偶然招致灾祸，做坏事之后又意外得到好处，从而产生怨恨责怪之心，认为因果报应是欺骗人的说法，这也就是认为尧、舜的事迹都是虚假的，周公、孔子的学说也是不可信的。那么又要相信什么，依靠什么信念来立身处世呢？

释三曰：开辟已来，不善人多而善人少，何由悉责其精洁乎①？见有名僧高行，弃而不说；若睹凡僧流俗，便生非毁。且学者之不勤，岂教者之为过？俗僧之学经律，何异士人之学《诗》《礼》？以《诗》《礼》之教，格朝廷之人，略无全行者；以经律之禁，格出家之辈，而独责无犯哉？且阙行之臣②，犹求禄位；毁禁之侣，何惭供养乎？其于戒行，自当有犯。一披法服③，已堕僧数，岁中所计，斋讲诵持④，比诸白衣⑤，犹不啻山海也。

【注释】

①精洁：精粹纯洁。

②阙行：道德修养上有过错。

③法服：僧、道所穿的法衣。

④斋讲：宣讲佛法的集会。诵持：诵念经文并持守之。

⑤白衣：指俗家人。佛教徒因为身着缁衣，所以称俗家为"白衣"。

【译文】

对于第三种指责的解释：自从开天辟地以来，就是坏人多而好人少，怎么可以要求每一个僧尼都是清白的好人呢？看见名僧高尚的德行，都放在一旁不说；只要见到了凡庸僧人伤风败俗，就指责非议谤毁。况且接受教育的人不勤勉，难道是教育者的过错？凡庸僧尼学习佛经，跟士人学习《诗经》《礼记》有什么两样？用《诗经》《礼记》中所要求的标准去衡量朝廷中的大臣官员，大概没有几个是符合标准的；用佛经的戒律衡量出家人，怎能唯独要求他们一点也不违犯戒律呢？品德很差的官员，尚且依然能获取高官厚禄；犯了禁律的僧尼，坐享供养又有什么可惭愧的呢？对于所规定的戒律规范，人们难免会有所违犯。出家人一披上法衣，就算加入了僧侣的行业，一年到头所做的事情，就是吃斋念佛，诵经修行，与世俗之人的德行修养相比，其高低深浅的差距远胜过高山与深海。

释四曰：内教多途，出家自是其一法耳。若能诚孝在心，仁惠为本，须达、流水①，不必剃落须发；岂令罄井田而起塔庙，穷编户以为僧尼也？皆由为政不能节之，遂使非法之寺，妨民稼穑，无业之僧，空国赋算，非大觉之本旨也。抑又论之：求道者，身计也；惜费者，国谋也。身计国谋，不可两遂。诚臣徇主而弃亲，孝子安家而忘国，各有行也。儒有不屈王侯高尚其事，隐有让王辞相避世山林；安可计其赋役，以为罪人？若能偕化黔首②，悉入道场③，如妙乐之世，穰佉之国④，则有自然稻米，无尽宝藏，安求田蚕之利乎⑤？

【注释】

①须达：又称"须达多"，梵语 sudatta 的音译，意译为"善与""善给""善授"等。古印度拘萨罗国舍卫城的富商，波斯匿王的大臣，释迦的有力施主之一，号称给孤独。后皈依佛陀。与祇陀太子共同施佛精舍，称祇树给孤独园。流水：即流水长者。

②黔（qián）首：古代称平民、老百姓。

③道场：佛寺。

④穰佉（ránɡqū）：梵语。印度古代神话中的国王名，即转轮王。也写作"儴佉""蠰佉"。《佛说弥勒大成佛经》："其国尔时有转轮圣王名儴佉，有四种兵，不以威武，治四天下。"

⑤田蚕：指植桑养蚕等事务，泛指农桑。

【译文】

对于第四种指责的解释：佛教修行的途径有很多，出家仅仅是其中一种。如果心中有忠孝之念，能以仁爱施惠为立身之本，就像须达和流水两位长者那样，是不必剃掉须发出家为僧的；哪能把所有的田地都用来建造佛塔，让所有的百姓都做僧尼呢？都是由于执政者不能合理地节制佛事，才出现大量不守法纪的寺庙，妨碍百姓的农事生产，没有生计来源的僧尼空享国家的赋税，这并非佛教的原意。或者也可以这样说：信佛求道是为自身打算；节省费用是为国家打算。为自身打算和为国家打算，二者不能两全。这就像是忠臣献身君主而不能奉养双亲，孝子安定家庭而忽略了为国家尽义务，各有不同的行为准则。儒家当中有不肯屈身侍奉王侯，以高尚标准行事的人，隐士当中有辞让王爵相位隐居山林；哪能再计算他们的赋税徭役，并认定他们是逃避徭役的罪人呢？如果能够将百姓全部感化，使他们信奉佛教，皈依空门，去往极乐之地、禳祛之国，那就会有自然生长的稻米，用不完的宝藏，哪还用追求种田养蚕的利益呢？

释五曰：形体虽死，精神犹存。人生在世，望于后身似不相属；及其殁后①，则与前身似犹老少朝夕耳。世有魂神，示现梦想，或降童妾，或感妻孥，求索饮食，征须福佑②，亦为不少矣。今人贫贱疾苦，莫不怨尤前世不修功业；以此而论，安可不为之作地乎？夫有子孙，自是天地间一苍生耳，何预身事？而乃爱护，遗其基址③，况于己之神爽④，顿欲弃之哉？凡夫蒙蔽，不见未来，故言彼生与今非一体耳；若有天眼，鉴其念念随灭，生生不断，岂可不怖畏邪⑤？又君子处世，贵能克己复礼⑥，济时益物。治家者欲一家之庆，治国者欲一国之良，仆妾臣民，与身竟何亲也，而为勤苦修德乎？亦是尧、舜、周、孔虚失愉乐耳。一人修道，济度几许苍生？免脱几身罪累？幸熟思之！汝曹若观俗计，树立门户，不弃妻子，未能出家；但当兼修戒行，留心诵读，以为来世津梁⑦。人生难得，无虚过也。

【注释】

①殁（mò）：死，去世。

②福佑：赐福保佑。

③基址：建筑物的地基、基础，比喻事业的根基、根本。

④神爽：指神魂、心神。

⑤怖畏：恐惧。《敦煌变文集·维摩诘经讲经文》："若称无我，恐众生生怖心。"

⑥克己复礼：约束自我，使言行合乎先王之礼。见《论语·颜渊》。

⑦津梁：桥梁。

【译文】

对第五种指责的解释：人的形体虽然死去，精神依然存在。人活在这个世界上，遥想自己的后身，似乎是毫不相干的事；等到死后，才发现后身与前身之间的关系，就像老人与小孩、早晨与晚上一般关系密切。世上有些死者的灵魂，会在活人梦中出现，有的托梦给仆童、小妾，有的托梦给妻子、儿女，向他们讨求饮食，验证后身需要前世的福佑，这种事也是不少的。现在的人因为生活贫贱痛苦，没有不怨恨前世没有修好功德的；从这一点来说，生前怎么能不为来世的灵魂开辟一片安乐之地呢？至于人有子孙，也只不过是天地间一个普通人而已，跟我自身有什么相干？尚且对其尽心加以爱护，将家业留给他们，何况对于自己的灵魂，怎能舍弃不顾呢？凡夫俗子愚昧无知，无法预见来世，所以就说来生和今生不是一体；若是有能够洞察天机的慧眼，看到心念随生随灭，生生死死轮回不断，难道不会感到畏惧害怕？再说君子活在这个世界上，最重要的是要约束自我，使自己的言行合乎礼制，能够济世救人，对社会有用。治理家庭的人希望这个家庭幸福美满，治理国家的人希望这个国家兴旺富强，其实仆人、婢妾、臣子、百姓，和自身又有什么相干，却要使我为他们辛苦操劳？这也是尧、舜、周公、孔子之道，为了别人而空使自己失去欢乐罢了。一个人修身求道，能够超度多少世人？使多少人免脱罪恶负累？一定要好好思考这个问题！你们要是关心世俗生计，安家立业，不舍弃妻子儿女，不能出家修道；但是要兼顾修行持戒，留心于诵读佛经，以此为超度来世的桥梁。人生再世很难再得，不要白白度过。

　　儒家君子，尚离庖厨^①，见其生不忍其死，闻其声不食其肉。高柴、折像^②，未知内教，皆能不杀，此乃仁者自然用心。含生之徒^③，莫不爱命；去杀之事，必勉行之。好杀之人，临死报验，子孙殃祸，其数甚多，不能悉录耳，且示数条于末。

【注释】

①庖厨：厨房。

②高柴：春秋时人，孔子弟子。以尊老孝亲著称。折

像：字伯式，东汉人。幼有仁心，不杀昆虫，不折
萌芽。事见《后汉书·方术列传》。

③含生：一切有生命者，多指人类。

【译文】

儒家的君子，尚且远离厨房，看见活的生物，不忍
心见到它们被杀死，听到动物被宰杀时的惨叫，就不忍心
吃它们的肉。高柴、折像二人，不懂得佛教教义，却都能
不杀生，这是仁爱之人天生的善心使然。一切生灵，没有
不爱惜自己生命的；必须尽力使自己避开杀生之事。喜欢
杀生的人，死时会遭到报应，还会祸及子孙，这样的例子
有很多，我不能一一记下来，姑且举几个例子列在本文的
末尾。

梁世有人，常以鸡卵白和沐①，云使发光，每
沐辄二三十枚。临死，发中但闻啾啾数千鸡雏声。

【注释】

①鸡卵：鸡蛋。沐：洗头。

【译文】

梁朝有个人，经常用鸡蛋白来洗头，说是能使头发有
光泽，每次洗头就需要二三十个鸡蛋。他临死的时候，只
听到头发中传来几千只小鸡的啾啾鸣叫声。

江陵刘氏，以卖鳝羹为业。后生一儿头是鳝，
自颈以下，方为人耳。

【译文】

江陵有个姓刘的人，靠卖鳝鱼羹为生。后来生了一个孩子，头是鳝鱼头，从脖子往下才是人的身体。

王克为永嘉郡守，有人饷羊①，集宾欲宴。而羊绳解，来投一客，先跪两拜，便入衣中。此客竟不言之，固无救请。须臾，宰羊为羹，先行至客。一脔入口，便下皮内，周行遍体②，痛楚号叫，方复说之。遂作羊鸣而死。

【注释】

①饷（xiǎng）：赠送。
②周行：循环运行。

【译文】

王克做永嘉郡守时，有人送给他一只羊，他于是邀集了许多客人准备饮酒设宴。那只羊挣脱了绳子，奔到一位客人面前，先跪下拜了两拜，就钻进了他的衣服里。那位客人居然没说起这件事，更没有为了救它而向主人求情。过了一会儿，羊被杀了煮成肉汤，先送到那位客人面前。他才刚吃了一块肉，便觉得那肉窜入皮内，在自己全身循环运行，他痛得大声哭喊，才说起之前那只羊向他求救的事。最后发出像羊一样的叫声，就死了。

梁孝元在江州时，有人为望蔡县令，经刘敬躬乱①，县廨被焚②，寄寺而住。民将牛酒作礼，县令以牛系刹柱③，屏除形像，铺设床坐，于堂上接宾。未杀之顷，牛解，径来至阶而拜，县令大笑，命左右宰之。饮啖醉饱④，便卧檐下。稍醒而觉体痒，爬搔隐疹⑤，因尔成癞⑥，十许年死。

【注释】

①刘敬躬乱：指梁武帝大同八年（542），安城郡民刘敬躬造反之事。

②廨（xiè）：官舍，官署。

③刹（chà）柱：佛教语，指寺前的幡竿。

④啖（dàn）：食，吃。

⑤隐疹：皮肤上起的小疙瘩。

⑥癞：恶疮，顽癣，麻风。

【译文】

梁孝元帝在江州的时候，有个人做望蔡县的县令，经历了刘敬躬起兵叛乱的事，县里的官署被烧掉了，他暂时寄居在一所寺庙里。老百姓带来牛和酒作为礼物送给他，县令将牛拴在寺前的幡竿上，搬除佛像，摆设好坐具，在佛堂上接待宾客。牛在即将被宰杀的时候，挣脱了绳子，直冲到台阶前向他跪拜，县令大笑，让手下侍从把牛杀了。县令酒足饭饱之后，便躺在屋檐下休息。稍后醒来时，觉得身上发痒，抓挠之后就起了很多小疙瘩，他因此而得了恶疮，十多年后就死掉了。

杨思达为西阳郡守，值侯景乱，时复旱俭，饥

民盗田中麦。思达遣一部曲守视①，所得盗者，辄
截手腕，凡戮十余人。部曲后生一男，自然无手。

【注释】

①部曲：部属，部下。

【译文】

杨思达在做西阳郡守的时候，正好赶上侯景之乱，当
时又因为旱灾歉收，饥饿的百姓就去偷官田里的麦子。杨
思达派了一个部下在麦田看守，抓到偷麦子的人就砍断他
们的手腕，一共砍了十多个人。这个部下后来生了一个儿
子，天生就没有手。

齐有一奉朝请①，家甚豪侈，非手杀牛，啖之
不美。年三十许，病笃②，大见牛来，举体如被刀
刺，叫呼而终。

【注释】

①奉朝（cháo）请：官名，古代诸侯春季朝见天子叫
　朝，秋季朝见为请。因称定期参加朝会为奉朝请。
　汉代退职大臣、将军和皇室、外戚多以奉朝请名义
　参加朝会。晋代以奉车、驸马、骑三都尉为奉朝
　请，南北朝设以安置闲散官员，隋初罢之，另设朝
　请大夫、朝请郎，为文散官。

②病笃：病势沉重。

【译文】

　　齐朝有一个奉朝请，家境非常豪华奢侈，如果不是自己亲手杀的牛，他吃起来就会觉得味道不够鲜美。他三十多岁的时候，有一次病得很严重，看到有牛向他冲来，全身就好像被刀割一样，呼喊嚎叫之后就死了。

　　江陵高伟，随吾入齐，凡数年，向幽州淀中捕鱼。后病，每见群鱼啮之而死。

【译文】

　　江陵人高伟，跟随我一起来到齐朝，前后好几年，一直在幽州的湖泊捕鱼。他后来生病，常常看见一大群鱼来咬他，最后因此而死。

　　世有痴人，不识仁义，不知富贵并由天命。为子娶妇，恨其生资不足①，倚作舅姑之尊，蛇虺其性，毒口加诬，不识忌讳，骂辱妇之父母，却成教妇不孝己身，不顾他恨。但怜己之子女，不爱己之儿妇。如此之人，阴纪其过②，鬼夺其算③。慎不可与为邻，何况交结乎？避之哉！

【注释】

①生资：指嫁妆。
②阴：冥冥之中，借指鬼神。
③算：寿命。

【译文】

　　世上有一种无知的人，不懂得仁义，也不知道富贵都是由上天注定的。为儿子娶媳妇，怨恨媳妇的嫁妆太少，仗着自己为人公婆的尊贵身份，怀着毒蛇般的心性，对儿媳妇恶意辱骂，不知忌讳，甚至谩骂侮辱儿媳妇的父母，这反而是教媳妇不孝敬自己，也不顾及她心里的怨恨。只知道疼爱自己的子女，不知道爱护自己的儿媳。像这种人，阴司会把他的罪过记录下来，鬼神也会减掉他的寿命。千万不可以和这种人做邻居，更何况与他交朋友呢？还是避开他们吧！

卷 六

书证第十七

  本篇主要记录了作者对经、史典籍所作的零星考证，共有47条，有学者认为这一篇纯是考证之学，应当另为一书。其实在这篇文章里，作者既是对自己读书心得的系统整理，同时也是通过列举这些例子来告诫子孙要博览群书，不可妄发议论，以免因谬误而惹人耻笑。

《诗》云:"参差荇菜①。"《尔雅》云:"荇,接余也。"字或为"莕"。先儒解释皆云:"水草,圆叶细茎,随水浅深。今是水悉有之,黄花似莼,江南俗亦呼为'猪莼',或呼为'荇菜'。"刘芳具有注释②。而河北俗人多不识之,博士皆以参差者是苋菜③,呼"人苋"为"人荇",亦可笑之甚。

【注释】

①参差(cēncī):长短不齐的样子。荇(xìng)菜:多年生水生草本植物,叶呈对生圆形,嫩时可食,亦可入药,睡莲科,初夏开黄色小花。此句出自《诗经·周南·关雎》:"参差荇菜,左右流之。"

②刘芳:字伯文,北魏彭城人,曾撰《毛诗笺音义证》十卷。事见《魏书·列传第四十三》。具:写,撰写。

③苋(xiàn)菜:一年生草本植物。叶对生,卵形或菱形,有绿、紫两色。花黄绿色。种子极小,黑色而有光泽,嫩苗可作蔬菜。

【译文】

《诗经》里说:"参差荇菜。"《尔雅》解释说:"荇,就是接余。"这个字又写成"莕"。以前的学者在对它进行解释的时候都说:"它是一种水草,叶子是圆形的,茎很细,随着水的流动而深浅沉浮。现在凡是有水的地方都有这种植物,它开黄色的花,就好像莼菜一样,江南民间也称它为'猪莼',也有叫'荇菜'的。"刘芳的《毛诗笺音义证》里都有注释。黄河以北地区的人大都不认识这种植物,博学之士都以为《诗经》里说的这种长短不齐的荇菜就是苋菜，把"人苋"称为"人荇"，十分可笑。

《诗》云："谁谓荼苦①？"《尔雅》《毛诗传》并以荼，苦菜也。又《礼》云："苦菜秀②。"案：《易统通卦验玄图》曰③："苦菜生于寒秋，更冬历春，得夏乃成。"今中原苦菜则如此也。一名"游冬"，叶似苦苣而细，摘断有白汁，花黄似菊。江南别有苦菜，叶似酸浆，其花或紫或白，子大如珠，熟时或赤或黑，此菜可以释劳④。案：郭璞注《尔雅》⑤，此乃"蘵"⑥，黄蒢也⑦。今河北谓之"龙葵"⑧。梁世讲《礼》者，以此当苦菜；既无宿根⑨，至春方生耳，亦大误也。又高诱注《吕氏春秋》曰⑩："荣而不实曰英⑪。"苦菜当言英，益知非龙葵也。

【注释】

①荼（tú）：苦菜。文中所引诗句见《诗经·邶风·谷风》："谁谓荼苦，其甘如荠。"

②苦菜秀：出自《礼记·月令》："孟夏之月，苦菜秀。"秀，植物开花。

③《易统通卦验玄图》：《隋书·经籍志》载《易通统卦验玄图》一卷，不题撰人。当即此书。

④释劳：消除辛劳。

⑤郭璞：字景纯，晋代河东闻喜人，好经术，工词赋，精通阴阳历算，曾为王敦的记室参军，后因劝阻王

敦起兵而被杀。他曾为《尔雅》作注。事见《晋书·列传第六十四》。

⑥蘵（zhī）：草名，即龙葵。古人亦误之为苦蘵。

⑦黄蒢（chú）：草名，叶子似酸浆，花小而白，中心黄。

⑧龙葵：一年生草本植物，叶互生，卵形或椭圆形。夏秋间开白花，结浆果，圆球形，熟时紫黑色。有小毒。全草可供药用，有清热解毒、除湿止痒、消肿生肌的功效。

⑨宿根：某些二年生或多年生草本植物的根，这些植物的茎叶枯萎后可以继续生存，次年春重新发芽，所以叫做宿根。

⑩高诱：汉末涿郡人，曾为《吕氏春秋》作注。

⑪英：植物开花而不结果实。

【译文】

《诗经》里说："谁谓荼苦？"《尔雅》和《毛诗传》都认为荼就是苦菜。另外，《礼记》中说："农历四月苦菜开花而不结果。"据考证：《易统通卦验玄图》中说："苦菜长在深秋时节，经过冬天和春天，到夏天才长成。"现在中原地区的苦菜就是这样的。它也叫"游冬"，叶子好像苦苣但是比苦苣细，掐断后有白汁，花是黄色的，像菊花。江南地区另外有一种苦菜，叶子好像酸浆叶一样，它的花有紫色有白色，果实像珠子一般大，成熟的时候或者为红色或者为黑色，这种菜可以消除疲劳。据考证：郭璞在注《尔雅》时说，这是"蘵"，就是黄蒢。现在黄河以北地区的人称之为"龙葵"。梁朝讲《礼记》的人把它当作苦菜；但这种植物没有多年生的根，又是在春天才发芽，这是个大错误。另外，高诱注的《吕氏春秋》里说："开花而不结果，叫英。"苦菜应当被称为"英"，由此更加知道它不是龙葵了。

　　《诗》云："有杕之杜^①。"江南本并"木"傍施"大"^②，《传》曰："杕，独貌也。"徐仙民音徒计反^③。《说文》曰："杕，树貌也。"在"木"部。《韵集》音"次第"之"第"^④，而河北本皆为"夷狄"之"狄"，读亦如字^⑤，此大误也。

【注释】

①杕（dì）：树木孤独挺立的样子。杜：即杜梨，也叫棠梨，一种野生梨。本句出自《诗经·唐风·杕杜》："有杕之杜，其叶湑湑。"

②本：书的版本。

③徐仙民：即晋代人徐邈，他曾撰《毛诗音》二卷。事见《晋书·列传第六十一》。

④《韵集》：《隋书·经籍志》载：《韵集》六卷，晋安复令吕静撰。

⑤如字：一字有两个或两个以上读音，依本音读叫"如字"。

【译文】

　　《诗经》里说："有杕之杜。"江南地区抄本中的"杕"字都是"木"字旁加"大"字，《毛诗传》里说："杕，孤独挺立的样子。"徐仙民给它注的音是徒计反。《说文解字》

中说："杕，是树的样子。"收在"木"部。《韵集》中把它读作"次第"的"第"，而黄河以北地区的抄本都写作"夷狄"的"狄"，读音也如"狄"字的本音，这是大错误。

《诗》云："駉駉牡马①。"江南书皆作"牝牡"之"牡"②，河北本悉为"放牧"之"牧"。邺下博士见难云："《駉颂》既美僖公牧于坰野之事③，何限骓骘乎④？"余答曰："案：《毛传》云：'駉駉，良马腹干肥张也⑤。'其下又云：'诸侯六闲四种⑥：有良马，戎马，田马，驽马。'若作放牧之意，通于牝牡，则不容限在良马独得'駉駉'之称。良马，天子以驾玉辂⑦，诸侯以充朝聘郊祀⑧，必无骓也。《周礼·圉人职》：'良马，匹一人⑨；驽马，丽一人⑩。'圉人所养，亦非骓也；颂人举其强骏者言之，于义为得也。《易》曰：'良马逐逐⑪。'《左传》云：'以其良马二。'亦精骏之称，非通语也。今以《诗传》良马，通于牧骓，恐失毛生之意⑫，且不见刘芳《义证》乎？"

【注释】

①駉駉（jiōng）：马肥壮的样子，亦指肥壮之马。牡（mǔ）马：公马。《诗经·鲁颂·駉》："駉駉牡马，在坰之野。"

②牝（pìn）牡：鸟兽的雌性和雄性。

③僖公：指鲁僖公。坰（jiōng）：远郊，野外。

④骍（cǎo）：母马。騭（zhì）：公马。

⑤干：人和动植物躯体的主干。肥张：肥壮的样子。

⑥六闲：周朝诸侯有六闲。闲，马厩。《周礼·夏官·校人》："天子十有二闲，马六种；邦国六闲，马四种；家四闲，马二种。"

⑦玉辂（lù）：古代帝王所乘之车，以玉为饰。

⑧朝（cháo）聘：古代诸侯亲自或派使臣按期朝见天子。《礼记·王制》："诸侯之于天子也，比年一小聘，三年一大聘，五年一朝。"郊祀（sì）：古代于郊外祭祀天地，南郊祭天，北郊祭地。郊指大祀，祀为群祀。

⑨匹一人：意思是每匹良马由一个人来饲养。

⑩丽一人：此处指两匹骖马由一个人饲养。丽，偶，成对。

⑪逐逐：极速狂奔的样子。

⑫毛生：指为《诗经》作传的汉代人毛公。

【译文】

《诗经》里说："骊骊牡马。"江南地区的书上都写作"牝牡"的"牡"，而黄河以北地区的版本都写成"放牧"的"牧"。邺下的学者对此进行诘难说："《骊颂》这首诗既然是赞美僖公野外放牧的事，为什么要限定是公马还是母马呢？"我回答说："根据考证：《毛诗传》里说：'骊骊，是说良马躯干肥壮。'下面又说：'周代诸侯有六个马厩，四种马：包括良马、战马、打猎骑的马、劣马。'要是解释为放牧的意思，那就是通指公马和母马了，而不能限定只有良马才能得到'骐骐'的美名。良马，天子用它来驾车，诸侯用它来参与朝见天子、在郊外祭祀天地等活动，它肯定不会是母马。《周礼·圉人职》里说：'良马，每匹由一个人来饲养；驽马，每两匹由一个人来饲养。'圉人所养的马，也不会是母马；颂诗的作者列举强骏的马来进行赞美，在意义上是恰当的。《易》中说：'良马狂奔。'《左传》中说：'赵旃用他的两匹良马……'也是说马强壮骏美，并不是提到所有马都通用的说法。现在认为《毛诗传》里的良马通指母马和公马，恐怕是违背了作者毛公的本意，难道没读过刘芳的《毛诗笺音义证》吗？"

　　《月令》云①："荔挺出。"郑玄注云②："荔挺，马薤也③。"《说文》云："荔，似蒲而小，根可为刷。"《广雅》云④："马薤，荔也。"《通俗文》亦云马蔺⑤。《易统通卦验玄图》云："荔挺不出，则国多火灾。"蔡邕《月令章句》云："荔似挺。"高诱注《吕氏春秋》云："荔草挺出也。"然则月令注荔挺为草名，误矣。河北平泽率生之⑥。江东颇有此物，人或种于阶庭，但呼为"旱蒲"，故不识马薤。讲《礼》者乃以为马苋；马苋堪食，亦名豚耳，俗名马齿。江陵尝有一僧，面形上广下狭；刘缓幼子民誉⑦，年始数岁，俊晤善体物⑧，见此僧云："面似马苋。"其伯父绍因呼为"荔挺法师"。绍亲讲《礼》名儒⑨，尚误如此。

【注释】

① 《月令》：《礼记》中的《月令》章。

② 郑玄：字康成，东汉高密人，著名学者，曾经遍注五经。

③ 马薤（xiè）：植物名，叶子像薤但是较薤长厚，像蒲草，因此被称为旱蒲，三月开花，五月结实，根可制刷。

④ 《广雅》：我国古代的一部字典，三国时期魏人张揖所撰，原书三卷，共一万八千一百五十字。书的体例篇目基本依据《尔雅》，字按意义分部，释义多沿用同义相释的办法。因为这本书博采汉代经书笺注及《三苍》《方言》《说文》等字书对《尔雅》进行增广补充，所以称《广雅》。隋朝曹宪在为它作音释的时候，分为十卷，后来因避隋炀帝杨广之讳，改名《博雅》，现在两名通用。

⑤ 《通俗文》：一部解释经史用字的字典，汉代人服虔所撰，原书一卷，已失传，仅散见于《汉书注》《文选注》及唐宋类书和诸经音义之中。马蔺（lìn）：蠡实的别名。多年生草本植物。根茎粗，叶子线形，花蓝色。叶子富于韧性，可用来捆东西，又可造纸，根可以制刷子。

⑥ 平泽：平湖，沼泽。率：皆，遍。

⑦ 刘缓：字含度，南朝梁人。

⑧ 俊晤：聪明卓异。体物：描述事物，摹状事物。

⑨ 亲：即本人。

【译文】

《礼记·月令》中说："荔挺出。"郑玄解释说："荔挺，就是马薤。"《说文解字》中说："荔，形状像蒲草但是比蒲草小，根可以用来做刷子。"《广雅》中说："马薤，就是荔。"《通俗文》也说它是马蔺。《易统通卦验玄图》说："若是荔挺不发芽，那么国家就会多火灾。"蔡邕的《月令章句》说："荔似挺。"高诱注的《吕氏春秋》里说："荔草直立生长。"然而《月令注》认为荔挺是草名，错了。黄河以北地区的湖泊沼泽里到处都长着这种植物。江南地区也有很多这东西，有人把它种在台阶前的庭院里，称它作"旱蒲"，故而不认识马薤。讲授《礼记》的人就认为"荔"是"马苋"；马苋可以吃，也叫"豚耳"，俗名为"马齿"。江陵有个和尚，脸型上宽下窄；刘缓的小儿子刘民誉，年纪才刚刚几岁，聪明卓异善于描摹事物，他见到这个和尚就说："和尚的脸像马苋一样。"他的伯父刘绍因此就称这个僧人为"荔挺法师"。刘绍本人就是讲授《礼记》的著名学者，竟然也会错到这种地步。

《诗》云："将其来施施①。"《毛传》云："施施，难进之意。"郑《笺》云："施施，舒行貌也。"《韩诗》亦重为"施施"②。河北《毛诗》皆云"施施"。江南旧本，悉单为"施"，俗遂是之，恐为少误。

【注释】

①施施：徐行的样子。本句见《诗经·王风·丘中有

麻》："彼留子嗟，将其来施施。"

②重（chóng）为：指两个"施"字重叠而用。

【译文】

《诗经》里说："将其来施施。"《毛诗传》说："施施，是行进困难的意思。"郑玄的《毛诗传笺》说："施施，行进舒缓的样子。"《韩诗》中也是叠用了"施施"两个字，黄河以北地区的《毛诗传》都作"施施"。江南地区的旧版本，都是只写一个"施"字，大家于是都认为这是对的，恐怕有一定的错误。

《诗》云："有渰萋萋，兴云祁祁①。"《毛传》云："渰，阴云貌。萋萋，云行貌。祁祁，徐貌也。"《笺》云："古者，阴阳和，风雨时，其来祁祁然，不暴疾也。"案：渰已是阴云，何劳复云"兴云祁祁"耶？"云"当为"雨"，俗写误耳。班固《灵台诗》云："三光宣精②，五行布序③，习习祥风，祁祁甘雨。"此其证也。

【注释】

①渰（yǎn）：阴云。萋萋：云朵弥漫的样子。祁祁（qí）：舒缓的样子。诗句见《诗经·小雅·大田》。

②三光：日、月、星。宣精：指日月星辰发光。

③五行：水、火、木、金、土。我国古代称构成各种物质的五种元素，古人常以此说明宇宙万物的起源和变化。布序：依次展布。

【译文】

《诗经》里说："有渰萋萋，兴云祁祁。"《毛诗传》中说："渰，阴云的样子。萋萋，云朵移动的样子。祁祁，舒缓的样子。"《毛诗传笺》里说："古代的时候，阴阳调和，风雨按时而来，来的时候非常舒缓，不迅猛。"据考证："渰"已经是指阴云，哪里用得着再说"兴云祁祁"呢？"云"应当是"雨"，是一般人写错了。班固的《灵台诗》说："三光宣精，五行布序，习习祥风，祁祁甘雨。"就是这一说法的例证。

《礼》云："定犹豫，决嫌疑①。"《离骚》曰："心犹豫而狐疑。"先儒未有释者。案：《尸子》曰："五尺犬为犹。"《说文》云："陇西谓犬子为犹②。"吾以为人将犬行，犬好豫在人前③，待人不得，又来迎候，如此往返，至于终日，斯乃"豫"之所以为未定也，故称"犹豫"。或以《尔雅》曰："犹如麂④，善登木。"犹，兽名也，既闻人声，乃豫缘木⑤，如此上下，故称"犹豫"。狐之为兽，又多猜疑，故听河冰无流水声，然后敢渡。今俗云："狐疑，虎卜⑥。"则其义也。

【注释】

① "定犹豫"两句：意为判断嫌疑，决定犹豫。语出《礼记·曲礼上》："卜筮者，先圣之所以使民决嫌疑，定犹豫也。"

②犬子：幼犬。

③豫：事先，预先。

④麂（jǐ）：一种小型的鹿，雄的有长牙和短角，腿细而有力，善于跳跃。

⑤缘木：爬树。

⑥虎卜：一种占卜的方法。《太平御览》卷八九二引晋张华《博物志》："虎知冲破，又能画地卜。今人有画物上下者，推其奇偶，谓之虎卜。"

【译文】

《礼记》里说："定犹豫，决嫌疑。"《离骚》中说："心犹豫而狐疑。"前辈学者对此都没有解释。据考证：《尸子》中说："五尺长的狗是犹。"《说文解字》中说："陇西地区称狗的幼崽为犹。"我认为人带着狗走的时候，狗喜欢先跑在人的前面，等人等不到，又跑回来迎候，像这样来回往返，整天如此，这就是"豫"之所以表示不确定的缘故，所以才说"犹豫"。有人认为《尔雅》说："犹，形状像麂，善于爬树。"犹是动物的名字，它听到人的声音就会提前爬到树上，这样上下不定，因此称为"犹豫"。狐狸这种野兽，生性多疑，所以过河时听到结冰的河里没有流水声之后才敢过。现在有句俗语说："狐狸性多疑，老虎会占卜。"就是这个意思。

《左传》曰："齐侯痎①，遂痁②。"《说文》云："痎，二日一发之疟③。痁，有热疟也。"案：齐侯之病，本是间日一发，渐加重乎故，为诸侯忧也。今北方犹呼"痎疟",音"皆"。而世间传本多以"痎"为"疥"④,杜征南亦无解释⑤,徐仙民音"介",俗儒就为通云:"病疥,令人恶寒,变而成疟。"此臆说也。疥癣小疾,何足可论,宁有患疥转作疟乎?

【译文】

《左传》里说:"齐侯得了痎病,后来转成了痁病。"《说文解字》中说:"痎,两天一发作的疟疾。痁,是伴随着发热症状的疟疾。"据考证:齐侯的病本来是隔天发作一次,逐渐加重,才为诸侯所担心。现在北方地区仍然说"痎疟",读作"皆"。然而世间的传本大多认为"痎"是"疥",杜预对此也没有解释,徐仙民把"痎"注作读"介",一般的学者就把它解释成:"得了疥病,使人怕寒,转而变成疟疾。"这是主观猜测的说法。疥癣这样的小毛病,哪里值得一提,哪有得了疥这种皮肤病而转成疟疾的呢?

《尚书》曰："惟影响①。"《周礼》云："土圭测影②，影朝影夕。"《孟子》曰："图影失形③。"《庄子》云："罔两问影④。"如此等字，皆当为"光景"之"景"。凡阴景者⑤，因光而生，故即谓为"景"。《淮南子》呼为"景柱"，《广雅》云："晷柱挂景⑥。"并是也。至晋世葛洪《字苑》⑦，傍始加"彡"⑧，音于景反。而世间辄改治《尚书》《周礼》《庄》《孟》从葛洪字，甚为失矣。

【注释】

①影响：影子和回声。多用以形容感应迅捷。引文见《尚书·大禹谟》："惠迪吉，从逆凶，惟影响。"

②土圭（guī）：古代用以测日影、正四时和测度土地的器具。《周礼·地官·大司徒》："以土圭之法，测土深，正日景，以求地中。"

③图影：画影。

④罔（wǎng）两：影子边缘的淡薄阴影。"罔两问影"事见《庄子·齐物论》："罔两问景曰：'曩子行，今子止；曩子坐，今子起，何其无特操与？'"郭象注："罔两，景外之微阴也。"

⑤阴景：阴影。

⑥晷（guǐ）柱：即晷表，日晷上测量日影的标竿。

⑦葛洪：东晋人，崇信道教，著有《抱朴子》《字苑》等书。

⑧彡（shān）：一种部首。

《尚书》当中说："惟影响。"《周礼》当中说："用土圭来测量日影，影朝多阴，影夕多风。"《孟子》说："图影失形。"《庄子》当中有："罔两问影。"像这些地方的"影"字，都应当是"光景"的"景"字。所有的阴影，都是依托光明而产生的，所以就称为"景"。《淮南子》称"景柱"，《广雅》中说："晷柱挂景。"都是这么回事。到了晋代葛洪写的《字苑》里，才在"景"字旁边加"彡"，读成于景反。而世间的人就擅自改动《尚书》《周礼》《庄子》《孟子》等书中的"景"字，而用葛洪所说的"影"字，这是个很大的错误。

太公《六韬》①，有天陈、地陈、人陈、云鸟之陈②。《论语》曰："卫灵公问陈于孔子③。"《左传》："为鱼丽之陈④。"俗本多作"阜"傍"车乘"之"车"。案诸陈队，并作"陈、郑"之"陈"。夫行陈之义，取于陈列耳，此六书为假借也⑤，《苍》《雅》及近世字书⑥，皆无别字；唯王羲之《小学章》⑦，独"阜"傍作"车"，纵复俗行，不宜追改《六韬》《论语》《左传》也。

【注释】

① 《六韬》：我国古代的兵书名，旧题周吕望撰，故文中称太公《六韬》。书分文韬、武韬、龙韬、虎韬、豹韬、犬韬六卷。

②陈（zhèn）：通"阵"，军伍行列，战斗队形。

③"卫灵公"句：事见《论语·卫灵公》："卫灵公问陈
　于孔子。孔子对曰：'俎豆之事，则尝闻之矣；军旅
　之事，未之学也。'明日遂行。"

④鱼丽：古代战阵名。《左传·桓公五年》"为鱼丽
　之陈"，晋杜预注："《司马法》：'车战二十五乘为
　偏。'以车居前，以伍次之，承偏之隙而弥缝阙漏
　也。五人为伍。此盖鱼丽陈法。"

⑤六书：古人分析汉字造字的理论，包括象形、指事、
　会意、形声、转注、假借。假借：六书的一种，谓
　本无其字而依声托事。汉许慎《说文叙》："假借者，
　本无其字，依声托事，令、长是也。"

⑥《苍》：指《苍颉篇》。《雅》：即《尔雅》。

⑦《小学章》：古代字书。《隋书·经籍志》载："小学
　篇一卷，晋下邳内史王义撰。"王利器云当为王羲
　之所撰。

【译文】

　　姜太公的《六韬》里有天阵、地阵、人阵、云鸟之阵。
《论语·卫灵公》里说："卫灵公问阵于孔子。"《左传》里
有："为鱼丽之阵。"一般的版本大多数是将以上几个"陈"
字，写成"阜"字旁加上"车乘"的"车"字（即"阵"）。
据考证，表示各种军队陈列队伍的"陈"，都写作"陈、
郑"的"陈"字。行陈之义，是取义于陈列，将"陈"写
作"阵"，这在六书中属于假借法。在《苍颉篇》《尔雅》
和近代的字书里，"陈"都没有写成别的字，只有王羲之的

《小学章》里，唯独将"陈"写称"阜"字旁加"车"，即使这种写法在世间通行，也不应该再去更改《六韬》《论语》以及《左传》中的"陈"字。

　　《诗》云："黄鸟于飞，集于灌木①。"《传》云："灌木，丛木也。"此乃《尔雅》之文，故李巡注曰②："木丛生曰灌。"《尔雅》末章又云："木族生为灌。"族亦丛聚也。所以江南《诗》古本皆为"丛聚"之"丛"，而古"丛"字似"冣"字③，近世儒生，因改为"冣"，解云："木之冣高长者。"案：众家《尔雅》及解《诗》无言此者，唯周续之《毛诗注》④，音为祖会反，刘昌宗《诗注》⑤，音为在公反，又祖会反：皆为穿凿，失《尔雅》训也。

【注释】

①"黄鸟"两句：见《诗经·周南·葛覃》。意思是黄雀来回飞舞，栖息在丛生的灌木上。

②李巡：东汉汝南人，曾经为《尔雅》作注。《隋书·经籍志》载："梁有汉中黄门李巡尔雅注三卷，亡。"其人见《后汉书·宦者列传第六十八》。

③冣（zuì）："最"的古字。

④周续之：字道祖，雁门广武人。事见《宋书·列传第五十三　隐逸》。

⑤刘昌宗：晋人，有《周礼音》《仪礼音》各一卷，《礼记音》五卷。

【译文】

《诗经》里说："黄鸟于飞，集于灌木。"《毛诗传》中说："灌木，就是丛生的树木。"这是《尔雅》里面的话，所以李巡注的《尔雅》中说："树木丛生称为灌。"《尔雅》中这一解释的段末又说："树木族生就是灌。"族，也就是丛聚的意思。所以江南地区《诗经》的古版本都写成"丛聚"的"丛"，而古"丛"字的字形象"寂"，近代的儒生因此就把"丛"字改成"寂"字，并且解释成："树木中长得最高大的。"据考证：各家的《尔雅》和注释《诗经》的都没有这样讲的，只有周续之的《毛诗注》把这个字的音注成祖会反，刘昌宗的《诗注》，给它注的音是在公反，也作祖会反：这些都是牵强附会的说法，不符合《尔雅》的注释。

"也"是语已及助句之辞①，文籍备有之矣。河北经传，悉略此字，其间字有不可得无者，至如"伯也执殳"②，"于旅也语"③，"回也屡空"④，"风⑤，风也，教也"，及《诗传》云："不戢⑥，戢也；不儺⑦，儺也。""不多，多也。"如斯之类，傥削此文⑧，颇成废阙⑨。《诗》言："青青子衿。"《传》曰："青衿，青领也，学子之服。"按：古者，斜领下连于衿⑩，故谓领为"衿"。孙炎、郭璞注《尔雅》，曹大家注《列女传》⑪，并云："衿，交领也。"邺下诗本，既无"也"字，群儒因谬说云："青衿、青领，是衣两处之名，皆以青为饰。"用释"青青"二字，其失大矣！又有俗学，闻经传中时须"也"字，辄以意加之，每不得所，益成可笑。

【注释】

①语已：即语尾。助句：即语助词。

②殳（shū）：古代的一种兵器，以竹或木制成，八棱，顶端装有圆筒形金属，无刃，也有装金属刺球，顶端带矛的，多用作仪仗。引文见《诗经·卫风·伯兮》："伯也执殳，为王前驱。"毛传："殳，长丈二而无刃。"

③旅：次序。此句见《仪礼·乡射礼》："古者于旅也语，凡旅不洗，不洗者不祭；既旅，士不入。"

④回：颜回。屡空：经常贫困，谓贫穷无财。《论语·先进》："回也其庶乎！屡空。"

⑤风：风教，教化。文见《诗经·小序》。

⑥不戢（jí）：不检束，放纵。《诗经·小雅·桑扈》："不戢不难，受福不那。"

⑦傩（nuó）：难。

⑧傥：倘若，假如，表示假设。

⑨废阙：指缺漏。

⑩衿（jīn）：古代衣服的交领。

⑪曹大家（gū）：即汉代人班昭，她是班彪之女，班固、班超之妹。嫁给曹世叔，早寡，屡受召入宫，为皇后及诸贵人教师，号曰"大家"。大家，即大姑，古代对女子的尊称。家，通"姑"。

【译文】

"也"字是用做句末语气词和做句中语助的词，文章典籍都会用到这个字。北方的经书及传本中大都省略了这个字，而其中有些地方的"也"字是不能省略的，比如像"伯也执殳"，"于旅也语"，"回也屡空"，"风，风也，教也"，以及《毛诗传》中说的："不戢，戢也；不儺，儺也。""不多，多也。"诸如此类的句子，假如省略了"也"字，文章句意就会残缺不全。《诗经》中有："青青子衿。"《毛诗传》解释说："青衿，即青色的衣领，是学子所穿的衣服。"据考证：古时候，衣服领子斜着下来与衣襟连在一起，所以将领子称作"衿"。孙炎、郭璞注的《尔雅》、曹大家班昭注的《列女传》，都说："衿，就是交领。"邺下的《诗经》传本，都没有"也"字，许多儒生因而错误地解释说："青衿，青领，是衣服上两个部分的名称，都用青色作装饰。"用这种说法来解释"青青"两个字，实在是大错特错！还有一些平庸的读书人，听说经书的传注中常用到"也"字，就根据自己的主观猜测随意添补，往往添补的不是地方，更加可笑。

《易》有蜀才注^①，江南学士，遂不知是何人。王俭《四部目录》^②，不言姓名，题云："王弼后人^③。"谢炅、夏侯该，并读数千卷书，皆疑是谯周^④；而《李蜀书》，一名《汉之书》，云："姓范名长生，自称蜀才。"南方以晋家渡江后^⑤，北间传记，皆名为"伪书"，不贵省读^⑥，故不见也。

【注释】

①蜀才：东晋时成汉范贤的自称。贤字长生，曾注《周易》。

②王俭：字仲宝，琅邪临沂人，著有《七志》《宋元徽元年四部目录》等书。《四部目录》：分甲乙丙丁四部，计一万五千七百零四卷。事见《南齐书·王俭传》与《隋书·经籍志》。

③王弼：三国时期魏人，撰有《周易注》。

④谯周：字允南，三国时期蜀国人。

⑤晋家：指西晋王朝。

⑥省读：阅读。

【译文】

《周易》有署名蜀才的注本，江南地区的学者都不知道蜀才是什么人。王俭的《四部目录》中没有说他的姓名，只写着："他是王弼的后人。"谢灵、夏侯该，都是读过数千卷书的学者，他们都怀疑蜀才就是谯周；而《李蜀书》，又名《汉之书》中说："蜀才姓范，名叫长生，自称蜀才。"南方地区自从晋朝渡江之后，把北方地区的经传文章都称作"伪书"，不重视阅读这些"伪书"，因此就不知道蜀才是谁。

　　《礼·王制》云："裸股肱①。"郑注云："谓擿衣出其臂胫②。"今书皆作"攘甲"之"攘"③。国子博士萧该云④："'攘'当作'揎'，音'宣'，'攘'是穿着之名，非出臂之义。"案《字林》，萧读是，徐爱音"患"⑤，非也。

【注释】

①裸：露出。股肱（gōng）：大腿和胳膊。

②搄（xuān）衣：捋起衣服。胫：人的小腿。

③擐（huàn）甲：穿上甲胄、贯甲。

④萧该：南朝梁鄱阳王恢之孙，性笃学，精通《汉
书》。事见《隋书·儒林传》。

⑤徐爱：南朝宋开阳人，著有《礼记音》。

【译文】

《礼记·王制》中说："裸股肱。"郑玄注释说："是
指捋起衣服露出胳膊和腿。"现在的书都写作"擐甲"的
"擐"。国子博士萧该说："'擐'应当是'揎'，读作'宣'，
'擐'是穿着的意思，不是露出手臂的意思。"依据《字林》
的内容，萧该的读音是正确的，徐爱读成"患"是不对的。

《汉书》："田肎贺上①。"江南本皆作"宵"字。
沛国刘显②，博览经籍，偏精班《汉》③，梁代谓之
"《汉》圣"。显子臻④，不坠家业。读班史，呼为
"田肎"。梁元帝尝问之，答曰："此无义可求，但
臣家旧本，以雌黄改'宵'为'肎'⑤。"元帝无以
难之。吾至江北，见本为"肎"。

【注释】

①肎（kěn）："肯"的古字。引文见《汉书·高帝纪》。

②刘显：字嗣芳，沛国相人。博涉多通，著有《汉书音》二卷。

③班《汉》：指班固所著的《汉书》。

④臻：刘臻，刘显之子。

⑤雌黄：用矿物雌黄制成的颜料。古人写字用黄纸，有误，则用雌黄涂抹后改写。亦用于绘画。

【译文】

《汉书》中有："田肎贺上。"江南地区的版本都把"肎"写作"宵"字。沛国人刘显，博览经书典籍，尤其精通班固的《汉书》，梁朝人称他为"《汉》圣"。刘显的儿子刘臻，继承了家传的学业。他读班固的《汉书》时，读成"田肎"。梁元帝曾经问他为什么这样读，他回答说："这没有什么意义可探究，只是我家的旧抄本中，用雌黄把'宵'字改成了'肎'字。"梁元帝也没法诘难他。我到了江北地区后，知道这个字本就是写作"肎"。

《汉书·王莽赞》云："紫色蛙声，余分闰位①。"盖谓非玄黄之色②，不中律吕之音也③。近有学士，名问甚高，遂云："王莽非直鸢髆虎视④，而复紫色蛙声。"亦为误矣。

【注释】

①闰位：非正统的帝位。

②玄黄：黑色和黄色，是正色。

③律吕：古代校正乐律的器具，比喻准则、标准。

④髆（bó）：同"膊"，胳膊。虎视：像老虎那样雄视，有伺机攫取之意。

【译文】

《汉书·王莽赞》中说："紫色蛙声，余分闰位。"意思是说紫色不是玄黄正色，蛙声不合声律标准。近来有位学者，名望很高，竟然说："王莽不仅像鸢鸟那样双肩高耸，像老虎那样雄视四方，而且还有着紫色的皮肤和蛙鸣一样的声音。"这也是弄错了。

简"策"字，"竹"下施"束"，末代隶书①，似杞、宋之"宋"②，亦有"竹"下遂为"夹"者，犹如"刺"字之傍应为"束"，今亦作"夹"。徐仙民《春秋》《礼音》，遂以"筴"为正字③，以"策"为音，殊为颠倒。《史记》又作"悉"字，误而为"述"，作"姤"字，误而为"姤"④，裴、徐、邹皆以"悉"字音"述"⑤，以"姤"字音"姤"。既尔，则亦可以"亥"为"豕"字音，以"帝"为"虎"字音乎？

【注释】

①末代：末世，指一个朝代衰亡的时期。这里是指秦末。

②杞、宋：都是古国名。

③正字：字形或拼法符合标准的字，区别于异体字、错字、别字等，亦指本字。

④姤（gòu）：《易》卦名。六十四卦之一。《周易·姤

卦》：“姤，女壮，勿用取女。彖曰：'姤，遇也。'"
孔颖达疏："此卦一柔而遇五刚，故名为姤。"《周
易·姤卦》："象曰：天下有风，姤。"
⑤裴、徐、邹：南朝宋人裴骃、徐野民，梁人邹诞生。
裴骃曾为《史记》作注，徐野民著《史记音义》，邹
诞生著《史记音》。

【译文】

　　简策的"策"字，是在"竹"下面加"朿"字，秦末
的隶书中，这个字的字形类似杞、宋的"宋"字，也有在
"竹"字下面写成"夹"的，就好像"刺"字的偏旁应该是
"朿"，现在也写成"夹"。徐仙民注的《春秋》和《礼记音》
中，竟以"笑"字为本字，把"策"作为读音，实在是本
末倒置。《史记》中写"悉"字，错写成"述"，写"妒"字，
错写成"姤"。裴骃、徐广、邹诞生在为《史记》作注时，
都把"悉"注音作"述"，把"妒"注音作"姤"。既然这
样的话，那可以用"亥"为"豕"字注音，用"帝"为"虎"
字注音吗？

　　张揖云①："虙，今伏羲氏也②。"孟康《汉
书·古文注》亦云③："虙，今伏。"而皇甫谧云④：
"伏羲或谓之宓羲。"按诸经史纬候⑤，遂无"宓羲"
之号。"虙"字从"虍"⑥，"宓"字从"宀"⑦，下
俱为"必"，末世传写，遂误以"虙"为"宓"，而
《帝王世纪》因误更立名耳。何以验之？孔子弟子
虙子贱为单父宰⑧，即虙羲之后，俗字亦为"宓"⑨，

或复加"山"。今兖州永昌郡城，旧单父地也，东门有子贱碑，汉世所立，乃曰："济南伏生⑩，即子贱之后。"是知"宓"之与"伏"，古来通字，误以为"宓"，较可知矣。

【注释】

①张揖：字稚让，清河人，一云河间人，魏太中博士。著有《广雅》四卷，《埤苍》三卷，《三苍训诂》三卷，《杂字》一卷，《古文字训》三卷。

②宓（fú）：通"伏"，姓。宓羲氏，即伏羲氏。伏羲，古代传说中的三皇之一。风姓。相传其始画八卦，又教民渔猎，取牺牲以供庖厨，因称庖牺。

③孟康：字公休，三国时魏安平人，曾注《汉书》。

④皇甫谧：字士安，幼名静，西晋安定朝那人，工诗赋，曾撰《帝王世纪》《年历》《高士传》《逸士传》《列女传》《玄晏春秋》等书。

⑤纬候：纬书与《尚书中候》的合称，亦为纬书的通称。

⑥虍（hū）：部首的一种，意思是虎皮上的花纹。

⑦宀（mián）：部首的一种，意思是房屋。《说文·宀部》："宀，交覆深屋也。象形。"

⑧宓子贱：即孔子的学生宓不齐，字子贱，少于孔子三十岁，孔子曾经称许他为君子，他曾为单父的地方官，政绩卓著。事见《史记·仲尼弟子列传》。

单（shàn）父：春秋时期鲁国的邑名，故址在今山东单县南。

⑨俗字：即俗体字。旧时指通俗流行而字形不合规范
的汉字，别于正体字而言。

⑩伏生：汉时济南人，名胜，或云字子贱。原秦博士，
治《尚书》。始皇焚书，伏生以书藏壁中。汉兴后，
求其书已散佚，仅得二十九篇，以教于齐鲁间。汉
文帝即位后，闻其能治《尚书》，欲召之。然伏生
年已九十馀，老不能行，乃诏太常使掌故晁错往受
之。西汉《尚书》学者，皆出其门下。相传所撰有
《尚书大传》三卷，学者怀疑是后学杂录所闻而成。
事见《汉书·儒林传》。

【译文】

张揖说："虙，就是现在说的伏羲氏。"孟康的《汉
书·古文注》也说："虙，就是现在的伏字。"而皇甫谧说：
"伏羲也称作宓羲。"考证各种经书和典籍记载，都没有
"宓羲"的名号。"虙"字属于"虍"部，"宓"字属于"宀"
部，两个字的下半部分都是"必"字，后世传抄誊写时，
错把"虙"字写成"宓"，而皇甫谧的《帝王世纪》就因此
错误地给伏羲氏另立了名号。怎样可以验证这一说法呢？
孔子的学生虙子贱曾经做单父地区的地方官，是虙羲的后
人。他的姓的俗体字也写作"宓"，或者再加个"山"字。
现在的兖州永昌郡城，就是过去的单父地区，郡城的东门
有子贱碑，是汉代所立，碑文说："济南的伏生，就是子贱
的后人。"由此可知"虙"字和"伏"字，自古以来就是通
用的字，伏羲氏的"伏"被错作为"宓"的原因，就清楚

可知了。

《太史公记》曰①："宁为鸡口，无为牛後②。"此是删《战国策》耳。案：延笃《战国策音义》曰③："尸，鸡中之主。從，牛子。"然则，"口"当为"尸"，"後"当为"從"，俗写误也。

【注释】

①《太史公记》：即《史记》，汉、魏、南北朝人，称司马迁《史记》为《太史公记》。

②"宁为"两句：引文见《史记·苏秦列传》，意思是宁居小者之首，不为大者之后（後）。

③延笃：字叔坚，南阳犨人也，曾经从马融受业，博通经传及百家之言，能著文章，当时甚有名气。《隋书·经籍志》载其撰有《战国策论》一卷。其人见《后汉书·吴延史卢赵列传》。

【译文】

《太史公记》中说："宁为鸡口，无为牛後。"这句话是删减了《战国策》中的文字而得来的。据考证：延笃的《战国策音义》中说："尸，是鸡中的主宰。從，是牛犊。"那么，《太史公记》中的"口"应该是"尸"字，"後"应当是"從"字，一般人都写错了。

应劭《风俗通》云①："《太史公记》：'高渐离变名易姓②，为人庸保③，匿作于宋子④，久之作苦，闻其家堂上有客击筑，伎痒⑤，不能无出言。'"案：
伎痒者，怀其伎而腹痒也。是以潘岳《射雉赋》亦
云："徒心烦而伎痒。"今《史记》并作"徘徊"，
或作"彷徨不能无出言"，是为俗传写误耳。

【注释】

①应劭（shào）：字仲远，汉代汝南南顿人，曾为太
　山太守。《隋书·经籍志》载其撰有《风俗通义》
　三十一卷。

②高渐离：战国时期燕国人，擅长击筑，与荆轲相友
　善，曾经在易水击筑为荆轲送行。秦统一天下后，
　他变换姓名，隐居于宋子，终因伎痒难耐而显露身
　份。秦始皇因为爱惜他的音乐才能，赦免了他的死
　罪，只熏瞎了他的眼睛，使他击筑为乐。秦始皇放
　松了对他的警惕之后，他利用机会将铅块藏在乐器
　中，扑击秦始皇，结果击而不中，被秦始皇诛杀。
　事见《史记·刺客列传》。

③庸保：受雇充任杂役的人。

④宋子：县名，在今河北钜鹿。

⑤伎（jì）痒：指人有所擅长，遇有机会即欲表现，如
　痒难忍。

【译文】

　　应劭的《风俗通义》中说："《太史公记》里写道：'高
渐离更名改姓，给人家做杂役，隐姓埋名在宋子县，日子
久了感到很劳苦，听到主人家的堂上有人在击筑，无法克

制自己展示技能，心痒难耐，不能一言不发。'"据考证：
伎痒，是指人身怀某种技能因不能展示而心痒难耐。因此
潘岳的《射雉赋》里也说："徒心烦而伎痒。"现在的《史
记》中都写作"徘徊"，或者是"彷徨不能无出言"，这是
人们传抄誊写造成的错误。

太史公论英布曰①："祸之兴自爱姬，生于妒媢②，
以至灭国。"又《汉书·外戚传》亦云："成结宠妾
妒媢之诛③。"此二"媢"并当作"媢"④，媢亦妒
也，义见《礼记》《三苍》⑤。且《五宗世家》亦云：
"常山宪王后妒媢⑥。"王充《论衡》云⑦："妒夫媢
妇生，则忿怒斗讼。"益知"媢"是"妒"之别名。
原英布之诛为意贲赫耳⑧，不得言"媢"。

【注释】

①英布：秦末汉初名将。曾犯法被黥面，故又称黥布，
 秦末率骊山刑徒起事，归附项羽，封九江王，奉项
 羽的命令追杀义帝于郴县。楚汉相争时，随何说服
 他归附汉军，封淮南王，从刘邦击灭项羽于垓下。
 高祖十一年（前196），韩信、彭越被杀，英布起兵
 造反，被汉高祖击败后，为长沙王诱杀。事见《史
 记·黥布列传》。

②媢：逢迎取悦。

③成结：形成，酿成。

④媢（mào）：嫉妒。

⑤《三苍》：古代三部字书的合称，汉初，合李斯《苍颉篇》、赵高《爰历篇》和胡毋敬《博学篇》为一书，称《三苍》，亦统称《苍颉篇》，凡三千三百字。魏晋时，又以李斯《苍颉篇》为上卷，扬雄《训纂篇》为中卷，贾鲂《滂喜篇》为下卷，合为一部，亦称《三苍》。《隋书·经籍志》载："秦相李斯作《苍颉篇》，汉扬雄作《训纂篇》，后汉郎中贾鲂作《滂喜篇》，故曰《三苍》。"

⑥常山宪王：即刘舜，汉景帝之子，立为常山王，卒谥号为"宪"。

⑦王充：字仲任，会稽上虞人，东汉著名学者，著有《论衡》三十卷。事见《后汉书·王充王符仲长统列传》。

⑧贲（fén）赫：汉人，初为淮南王中大夫，后因揭发英布谋反之事而被封为将军。

【译文】

太史公司马迁在评论英布时说："灾祸因他的爱姬而兴起，根源于妒媚之心，导致邦国破灭。"另外，《汉书·外戚传》中也说："杀身之祸是由宠妾妒媚酿成的。"这两处的"媚"字都应该是"媢"字，媢就是嫉妒的意思，它的释义参见《礼记》和《三苍》。而且《五宗世家》也说："常山宪王的王后为人妒媢。"王充的《论衡》中说："有妒夫媢妇出现，就会互相忿恨恼怒产生争斗诉讼。"更加可以知道"媢"就是"妒"的别名。推究《史记》之中英布被杀的原因，应是意指贲赫，不能说是"媚"。

《史记·始皇本纪》:"二十八年,丞相隗林、丞相王绾等①,议于海上②。"诸本皆作"山林"之"林"。开皇二年五月③,长安民掘得秦时铁称权④,旁有铜涂镌铭二所⑤。其一所曰:"廿六年,皇帝尽并兼天下诸侯,黔首大安,立号为皇帝,乃诏丞相状、绾,法度量则不壹、嫌疑者⑥,皆明壹之。"凡四十字。其一所曰:"元年,制诏丞相斯、去疾,法度量,尽始皇帝为之,皆有刻辞焉。今袭号而刻辞不称始皇帝,其于久远也,如后嗣为之者,不称成功盛德,刻此诏□左⑦,使毋疑。"凡五十八字,一字磨灭,见有五十七字,了了分明⑧。其书兼为古隶。余被敕写读之⑨,与内史令李德林对⑩,见此称权,今在官库;其"丞相状"字,乃为"状貌"之"状","爿"旁作"犬";则知俗作"隗林",非也,当为"隗状"耳。

【注释】

①隗(wěi)林:秦朝丞相。

②海上:指东海之滨。

③开皇:隋文帝年号。开皇二年即公元年。

④铁称权:即铁制秤锤。

⑤涂(dù):以金饰物。后作"镀"。镌(juān):凿,雕刻。

⑥法:通"废",废弃。度量:用以计量短和容积的标准。则:标准权衡器。

⑦左：通"佐"。

⑧了了：明白，清楚。

⑨敕：委任。写：描摹缮写。读（dòu）：语句中的停顿。古代诵读文章，分句和读，短的停顿叫读，稍长的停顿叫句。后亦把"读"写成"逗"。这里应该是标点、点断的意思。

⑩对：核对，校对。

【译文】

《史记·秦始皇本纪》中记载："二十八年，丞相隗林、丞相王绾等人，在东海之滨议事。"所有的版本都写作"山林"的"林"。隋文帝开皇二年（582）五月，长安地区的百姓挖到秦朝的铁秤锤，铁秤锤的边侧有两处镀铜的铭刻。其中一处刻着："二十六年，皇帝吞灭兼并了天下所有的诸侯国，百姓太平无事，秦王立号为皇帝，于是命丞相隗状、王绾废除不一致或不明确的度量衡器，将其明确统一。"原文共四十个字。另一处说："元年，制诏丞相斯、去疾，法度量，尽始皇帝为之，皆有刻辞焉。今袭号而刻辞不称始皇帝，其于久远也，如后嗣为之者，不称成功盛德，刻此诏囗左，使毋疑。"一共五十八个字，其中一个字磨损消失了，能看见的有五十七个字，都可以清楚辨明。铭文的字体都是古隶书。我被委派抄写、点断这些铭文，与内史李德林相校对，见到了这个秤锤，它现在保存在官库里；它上面的"丞相状"几个字，就是"状貌"的"状"，在"爿"字旁加"犬"字；由此可知世人写作"隗林"是错误的，应当是"隗状"。

《汉书》云："中外禔福①。"字当从"示"。禔，安也，音"匙匕"之"匙"，义见《苍》《雅》《方言》②。河北学士皆云如此。而江南书本，多误从"手"③，属文者对耦④，并为"提挈"之意⑤，恐为误也。

【注释】

①禔（zhī）福：安宁幸福。引文见《汉书·司马相如传》："遐迩一体，中外禔福，不亦康乎？"

②《方言》：全名《輶轩使者绝代语释别国方言》，原书十五卷，《隋书·经籍志》以后定为十三卷，作者是汉代扬雄。该书仿《尔雅》体例，汇集古今各地同义词语，分别注明通行范围，取材或来自古籍，或为直接调查所得，由此可以考察汉代语言的分布状况，为研究我国古代词汇的重要材料。

③从：聚合，归属。

④对耦：即对偶，是一种修辞格，用对称的字句加强语言的表达效果。

⑤提挈（qiè）：提携，牵扶。

【译文】

《汉书》中说："中外禔福。""禔"字应当从"示"部。禔，是安宁的意思，读作"匙匕"的"匙"，释义参见《苍颉篇》《尔雅》《方言》。黄河以北地区的学者都认为是这样。然而，江南地区的抄本，都把"禔"字错写成从"手"部的字，写文章的人为了对偶，都把它理解为"提挈"的意思，这恐怕是搞错了。

　　或问："《汉书注》：'为元后父名禁①，故禁中为省中。'何故以'省'代'禁'？"答曰："案：《周礼·宫正》：'掌王宫之戒令纠禁。'郑注云：'纠②，犹割也，察也。'李登云③：'省，察也。'张揖云：'省，今省督也④。'然则小井、所领二反，并得训'察'。其处既常有禁卫省察，故以'省'代'禁'。督，古察字也。"

【注释】

①元后：指汉元帝皇后，她父亲名叫翁禁。

②纠：督察，督责。

③李登：三国时期魏人，著有《声类》十卷，是我国最早的一部韵书。

④督（chá）："察"的古字。

【译文】

　　有人问："《汉书注》记载：'因为汉元帝皇后的父亲名叫'禁'，所以将禁中改称为省中。'为什么用'省'字代替'禁'呢？"回答说："据考证：《周礼·宫正》记载：'掌管王宫的禁令，负责纠察禁绝之事。'郑玄的注释说：'纠，相当于割、察之意。'李登说：'省，就是察。'张揖说：'省，就是如今的省督。'这样的话，那么小井反和所领反两种读音所代表的意义，都要解释为'察'。那里王宫既然总有禁卫军负责省察之事，所以用'省'来代替'禁'字。

督，是古代的察字。”

《汉·明帝纪》：“为四姓小侯立学^①。”按：桓帝加元服^②，又赐四姓及梁、邓小侯帛，是知皆外戚也。明帝时^③，外戚有樊氏、郭氏、阴氏、马氏为四姓。谓之小侯者，或以年小获封，故须立学耳。或以侍祠猥朝^④，侯非列侯，故曰小侯，《礼》云“庶方小侯”^⑤，则其义也。

【注释】

①四姓：四个名门贵族姓氏的合称，指下文提到的东汉明帝时外戚樊、郭、阴、马四姓。见《后汉书·明帝纪》（李贤注）。小侯：旧时称功臣子孙或外戚子弟之封侯者，以其非列侯，故称小侯。

②桓帝：指汉桓帝刘志。元服：指冠。古称行冠礼为加元服。《仪礼·士冠礼》：“令月吉日，始加元服。”

③明帝：指汉明帝刘庄。

④侍祠：陪从祭祀，此处指侍祠侯，汉代，王子封为侯者称诸侯；群臣异姓以功封者称彻侯。在长安者，皆奉朝请。其有赐特进者，位在三公下，称朝侯。位次九卿下者，只是陪从祭祀而没有朝位，称侍祠侯。猥（wěi）朝：即猥朝侯，汉代异姓侯的一种，不是朝侯也不是侍祠侯，而是被分封到偏远小国的皇室至亲，若公主子孙，有奉先侯坟墓在京师的，随时接受皇帝的会见，称猥朝侯。

⑤庶（shù）方小侯：荒远地区的方国小侯。语出《礼记·曲礼下》："庶方小侯入天子之国，曰某人，于外曰子，自称曰孤。"

【译文】

《后汉书·明帝纪》记载："为四姓小侯立学。"据考证：汉桓帝行冠礼时，又赏赐给四姓和梁、邓小侯等人束帛，由此可以知道这些人都是外戚。汉明帝时，外戚中的樊氏、郭氏、阴氏、马氏被称为四姓。《后汉书》中称他们为小侯，可能是因为年纪很小就获得封号，因此须为其设立学校；也可能是因为他们都是侍祠侯或猥朝侯，虽然是侯但并不是上等侯，所以称小侯。《礼记》中说的"荒远地区的方国小侯"，就是这个意思。

《后汉书》云："鹳雀衔三鳝鱼①。"多假借为"鳣鲔"之"鳣"②；俗之学士，因谓之为"鳣鱼"。案：魏武《四时食制》："鳣鱼大如五斗奁③，长一丈。"郭璞注《尔雅》："鳣长二三丈。"安有鹳雀能胜一者，况三乎？鳣又纯灰色，无文章也④。鳝鱼长者不过三尺，大者不过三指，黄地黑文；故都讲云⑤："蛇鳝，卿大夫服之象也⑥。"《续汉书》及《搜神记》亦说此事⑦，皆作"鳝"字。孙卿云："鱼鳖鳅鳣。"及《韩非》《说苑》皆曰："鳣似蛇，蚕似蠋⑧。"并作"鳣"字。假"鳣"为"鳝"，其来久矣。

【注释】

① 鹳（guàn）雀：即鹳，一种水鸟。

② 鳣（zhān）：即鲟鳇鱼。鲔（wěi）：鲟鱼和鳇鱼的古称。《诗经·周颂·潜》："有鳣有鲔，鲦鲿鰋鲤。"

③ 奁（lián）：指盒匣一类的盛物器具。

④ 文章：错杂的色彩或花纹。

⑤ 都讲：古代学舍中协助博士讲经的儒生。

⑥ "蛇鳣"两句：事见《后汉书·杨震列传》："客居于湖，不答州郡礼命数十年，觿人谓之晚暮，而震志愈笃。后有冠雀衔三鳣鱼，飞集讲堂前，都讲取鱼进曰：'蛇鳣者，卿大夫服之象也。数三者，法三台也。先生自此升矣。'年五十，乃始仕州郡。"

⑦ 《续汉书》：晋司马彪撰，共八十三卷。《搜神记》：晋干宝撰，共三十卷，收集了大量民间传闻及鬼神灵异之事。

⑧ 蠋（zhú）：鳞翅目昆虫的幼虫。色青，形似蚕，大如手指。《诗经·豳风·东山》："蜎蜎者蠋，烝在桑野。"

【译文】

《后汉书》中说："鹳雀衔三鳝鱼。""鳝"字常常假借为"鳣鲔"的"鳣"字；世间的学者，因此就认为《后汉书》中说的是"鳣鱼"。据考证：魏武的《四时食制》里说："鳣鱼像能盛五斗的盒子那样大，身长一丈。"郭璞注的《尔雅》中说："鳣鱼长达二三丈。"哪有鹳鸟能衔住一条这样的大鱼，何况还是三条呢？鳣鱼又是纯灰色的，没有花纹。鳝鱼长的也不超过三尺，大的也没有三指宽，鱼身是黄的，上面有黑色的花纹，所以《后汉书》中的都讲说："蛇鳝，是卿大夫官服上的装饰图像。"《续汉书》和《搜神记》中也说到这件事，两本书中都写作"鳝"字。荀子说："鱼鳖鳅鳣。"《韩非子》《说苑》都说："鳣形状像蛇，蚕的形状像蠋。"都写作"鳣"字。假借"鳣"为"鳝"字，这种用法由来已久了。

《后汉书》："酷吏樊晔为天水郡守^①，凉州为之歌曰：'宁见乳虎穴，不入冀府寺^②。'"而江南书本"穴"皆误作"六"。学士因循，迷而不寤。夫虎豹穴居，事之较者^③；所以班超云："不探虎穴，安得虎子？"宁当论其六七耶？

【注释】

①酷吏：指滥用刑法残害人民的官吏。

②冀府寺：即天水太守官署。

③较：明显，显著。

【译文】

《后汉书》记载："酷吏樊晔做天水郡太守时，凉州人给他编了首歌谣说：'宁见乳虎穴，不入冀府寺。'"江南地区的版本，都将"穴"字误写成"六"字。学者沿袭了这个错误，受到迷惑而没觉察。虎豹住在洞穴之中，这是很明显的事情，所以班超说："不探虎穴，安得虎子？"怎么能去计量乳虎是六个还是七个呢？

《后汉书·杨由传》云①："风吹削肺。"此是削札牍之柿耳②。古者，书误则削之，故《左传》云"削而投之"是也。或即谓"札"为"削"，王褒《童约》曰："书削代牍。"苏竟书云③："昔以摩研编削之才。"皆其证也。《诗》云："伐木浒浒④。"《毛传》云："浒浒，柿貌也。"史家假借为"肝肺"字，俗本因是悉作"脯腊"之"脯"，或为"反哺"之"哺"。学士因解云："削哺，是屏障之名⑤。"既无证据，亦为妄矣！此是风角占候耳⑥。《风角书》曰："庶人风者⑦，拂地扬尘转削⑧。"若是屏障，何由可转也？

【注释】

①杨由：字哀侯，成都人。

②札牍（dú）：札与牍都是古代书写用的小木片，因借指簿册。柿（fèi）：削下的木片、木皮。

③苏竟：字伯况，东汉扶风平陵（今属陕西咸阳西北）人。

④浒浒：伐木声。

⑤屏障：屏风，泛指遮蔽、阻挡之物。

⑥风角：古代的一种占卜方法，以五音占四方之风而定吉凶。占候：指根据天象变化预测自然界的灾异和天气变化。

⑦庶人风：指卑恶的风。语出战国楚宋玉《风赋》。

⑧转削：吹动木屑。

【译文】

《后汉书·杨由传》说："风吹削肺。"这里的"肺"是指削札牍时落下的小木片。古时候，写错了字就用刀将它削掉，所以《左传》中的"削而投之"，说的就是这个。有人认为"札"就是"削"，王褒的《童约》中说："书削代牍。"苏竟写道："昔以摩研编削之才。"都是证明"札"就是"削"的依据。《诗经》中说："伐木浒浒。"《毛诗传》说："浒浒，削下木片的样子。"史家将"柿"字假借成肝肺的"肺"字，世间流行的版本因此就都写成"脯腊"的"脯"字，或是"反哺"的"哺"字。学者因而解释说："削哺，是屏风的名称。"这种解释既没有依据，也很无知。原文指的是利用风角占验吉凶。《风角书》中说："恶劣的风，吹过地面扬起尘土，吹动碎木屑。"如果削肺是屏风的话，怎么能被吹动呢？

    《三辅决录》云①："前队大夫范仲公②，盐豉蒜果共一筒。""果"当作"魏颗"之"颗"③。北土通呼物一块，改为一颗，"蒜颗"是俗间常语耳。故陈思王《鹞雀赋》曰："头如果蒜，目似擘椒④。"又《道经》云："合口诵经声璨璨⑤，眼中泪出珠子䃤⑥。"其字虽异，其音与义颇同。江南但呼为"蒜符"，不知谓为"颗"。学士相承，读为"裹结"之"裹"，言盐与蒜共一苞裹，内筒中耳。《正史削繁音义》又音"蒜颗"为苦戈反⑦，皆失也。

【注释】

①《三辅决录》：《隋书·经籍志》有载，书共七卷，

汉代赵岐所撰。

②前队（suì）大夫：南阳郡太守。王莽时期改南阳郡为前队。

③魏颗：春秋时期晋国大臣。

④擘（bò）：分开，剖裂。

⑤璅璅（suǒ）：形容声音细碎。

⑥碤（kē）：同"颗"，颗粒。

⑦《正史削繁音义》：南朝梁阮孝绪撰，共九十四卷。

【译文】

《三辅决录》中说："前队大夫范仲公，盐豉蒜果共一筒。"这里的"果"应当是"魏颗"的"颗"字。北方地区都把一块物体说成一颗，"蒜颗"是民间的常用语。所以陈思王曹植的《鹞雀赋》中说："头如果蒜，目似擘椒"，再者《道经》中说："合口诵经声璅璅，眼中泪出珠子碤。""果""颗""碤"这几个字的字形虽然不同，但它们的读音和意义却大致相同。江南地区都说"蒜符"，不知道称为"颗"。读书人前后沿袭，把"果"读成"裹结"的"裹"，解释成把盐和蒜放在同一个包裹里，装进筒里。《正史削繁音义》又给"蒜颗"的"颗"注音为苦戈反，都错了。

有人访吾曰："《魏志》蒋济上书云'弊劲之民①'，是何字也？"余应之曰："意为'劲'即是'皱倦'之'皱'耳②。张揖、吕忱并云：'支傍作刀剑之刀，亦是剞字③。'不知蒋氏自造'支'傍作'筋力'之'力'，或借'剞'字，终当音九伪反。"

【注释】

①蒋济：字子通，三国时期魏人，魏明帝时为护军将军，曾多次上书反对大修宫室。劬（guì）：困疲。事见《三国志·魏书·蒋济传》。

②皰（guì）：疲弊。

③刭（jī）：刻镂的刀具。

【译文】

有人询问我说："《魏志》里记载蒋济给朝廷上书说'弊劬之民'，'劬'是什么字呀？"我回答说："我想'劬'就是'皰倦'的'皰'字。张揖和吕忱都说：'支字旁加上刀剑的刀，也是'刭'字。'不知道蒋济是自己造了这个'支'字旁加'筋力'的'力'组成的'劬'字，还是假借了'刭'字，不论是哪种情况，这个字终究都应当读成九伪反。"

《晋中兴书》①："太山羊曼②，常颓纵任侠，饮酒诞节③，兖州号为'䫌伯'④。"此字皆无音训⑤。梁孝元帝常谓吾曰："由来不识。唯张简宪见教⑥，呼为'噎羹'之'噎'⑦。自尔便遵承之，亦不知所出。"简宪是湘州刺史张缵谥也，江南号为硕学。案：法盛世代殊近，当是耆老相传⑧；俗间又有"䫌䫌"语，盖无所不施，无所不容之意。顾野王《玉篇》误为"黑"傍"沓"⑨。顾虽博物，犹出简宪、孝元之下，而二人皆云重边。吾所见数本，并无作"黑"者。"重沓"是多饶积厚之意，从"黑"更无义旨。

【注释】

①《晋中兴书》：南朝宋何法盛所撰，全书共七十八卷，记录年代起自东晋。

②太山：即泰山。羊曼：字祖延，晋代人，为人放诞，不拘礼法。

③诞节：放纵不拘。

④鬫（tà）伯：放纵豁达的人。晋人特指羊曼。

⑤音训：对古籍中的字词注音释义。

⑥张简宪：即张缵，字伯绪，谥简宪。

⑦啑（tà）羹：指吃羹时不加咀嚼而连菜吞下。

⑧耆（qí）老：老年人。耆，古称六十岁曰耆，亦泛指寿考。

⑨顾野王：南朝陈人，精通经史，著有《玉篇》三十卷。

【译文】

《晋中兴书》说："泰山人羊曼，平常为人志气消沉，行为放纵，喜好饮酒，不拘礼节，兖州人称他为'鬫伯'。""鬫"这个字没有注音也没有注释。梁孝元帝曾经对我说："我向来不认识这个字。只有张简宪曾经教过我，说这个字应读成'啑羹'的'啑'，从那之后我就遵从这个读音，但还是不知道这个说法是怎么来的。"张简宪是湘州刺史张缵的谥号，江南地区的人都称他为大学问家。据考证：《晋中兴书》的作者何法盛生活的年代距离当时年代很近，很多事应该是听年纪大的老人说的；况且民间又有"鬫鬫"这个词，大概是没什么不能给予，没什么不能容纳的意思。顾野王的《玉篇》错把这个字写成"黑"字旁加

"沓"字。顾野王虽然博学多识，但还是在张缵和孝元帝的见识之下，而他们两个人都说这个字应该是"重"字旁。我所见的各种版本，都没有把这个字写成"黑"字旁的。"重沓"是充裕丰足储备丰厚的意思，要是从"黑"部反而没有意义了。

《古乐府》歌词，先述三子，次及三妇，妇是对舅姑之称。其末章云："丈人且安坐，调弦未遽央①。"古者，子妇供事舅姑，旦夕在侧，与儿女无异，故有此言。"丈人"亦长老之目，今世俗犹呼其祖考为先亡丈人。又疑"丈"当作"大"，北间风俗，妇呼舅为"大人公"。"丈"之与"大"，易为误耳。近代文士，颇作《三妇诗》，乃为匹嫡并耦己之群妻之意②，又加郑、卫之辞，大雅君子，何其谬乎？

【译文】

《古乐府》歌词中，先叙述三个儿子，接着叙述三个儿媳妇，妇是相对于公婆而言的称呼。歌词的最后一段说："丈人且安坐，调弦未遽央。"古时候，儿媳妇侍奉公婆，早晚都陪在他们身边，和儿女没什么区别，所以才有诗里这种话。"丈人"也是对老年人的称呼，现如今民间百姓还

称他们死去的祖父为"先亡丈人"。又怀疑"丈"字应该是
"大"字，北方地区的风俗，儿媳妇称公公为"大人公"。
"丈"字与"大"字，很容易弄错。近代的文人写了很多
《三妇诗》，但都是把妇作为缔结婚姻并匹配自己的众多妻
子的意思，又在诗中用了很多淫词艳语，那些高尚雅正的
君子，怎么错到这样地步呢？

《古乐府》歌百里奚词曰①："百里奚，五羊
皮。忆别时，烹伏雌②，吹扊扅③；今日富贵忘我
为！""吹"当作"炊煮"之"炊"。案：蔡邕《月
令章句》曰："键，关牡也，所以止扉④，或谓之剡
移。"然则当时贫困，并以门牡木作薪炊耳。《声类》
作"㶒"，又或作"㞐"⑤。

【注释】

①百里奚：春秋时期的贤相。本为虞国大夫，晋灭虞
　时被俘，为秦穆公夫人陪嫁之臣，后出逃至宛，被
　楚人抓获。秦穆公听说他很贤能，于是用五张羊皮
　将他赎了回来。

②伏雌：指母鸡。

③扊扅（yǎnyí）：门闩。

④扉：门扇。

⑤㞐（diàn）：门闩。

【译文】

《古乐府》中歌唱百里奚的词说："百里奚，五羊皮。

忆别时，烹伏雌，吹虙庲；今日富贵忘我为！""吹"应当
是"炊煮"的"炊"字。据考证：蔡邕的《月令章句》里说：
"键，就是门闩，是用来闩门的，也把它叫作剫移。"那么，
这就是说百里奚那时候生活贫苦困难，甚至把门闩当柴烧。
《声类》把这个字写作"虙"，又间或写成"居"。

　　《通俗文》，世间题云"河南服虔字子慎造"①。
虔既是汉人，其叙乃引苏林、张揖；苏、张皆是魏
人。且郑玄以前，全不解反语②，通俗反音，甚会
近俗③。阮孝绪又云"李虔所造"④。河北此书，家
藏一本，遂无作李虔者。《晋中经簿》及《七志》，
并无其目，竟不得知谁制。然其文义允惬⑤，实是
高才。殷仲堪《常用字训》⑥，亦引服虔《俗说》，
今复无此书，未知即是《通俗文》，为当有异？近
代或更有服虔乎？不能明也。

【注释】

①服虔：字子慎，初名重，又名祇，后改为虔，东汉
　　河南荥阳人。著有《春秋左氏传解》等书。
②反语：即反切，古代的一种注音方法。
③会：符合，相合。
④阮孝绪：字士宗，南朝梁人，著有《七录削繁》。
⑤允惬：妥帖，适当。
⑥殷仲堪：东晋陈郡人，曾任荆州刺史，著有《常用
　　字训》一卷，已亡佚。

【译文】

《通俗文》这本书，世间都标作"河南服虔字子慎造"。服虔是汉朝人，《通俗文》的《叙》却引用了苏林、张揖等人的话；苏林和张揖都是三国时期魏人。况且在郑玄所处时代之前的人们，根本不懂反切，《通俗文》中的反切注音十分符合近世的注音习惯。阮孝绪又说是"李虔所著"，北方地区抄录的这本书，我家就收藏了一本，根本没有写成李虔的。《晋中经簿》以及《七志》中，都没有关于这本书的条目，竟然没法知道是谁写了这本书。然而这本书的文辞妥帖恰当，作者实在是才华高绝之人。殷仲堪的《常用字训》，还引用到服虔的《俗说》，现在也没有这本书了，不知这是否就是《通俗文》，或者还有不同？近代或许另外有个叫服虔的人？真是搞不清楚。

或问："《山海经》，夏禹及益所记，而有长沙、零陵、桂阳、诸暨，如此郡县不少，以为何也？"答曰："史之阙文，为日久矣；加复秦人灭学①，董卓焚书②，典籍错乱，非止于此。譬犹《本草》神农所述，而有豫章、朱崖、赵国、常山、奉高、真定、临淄、冯翊等郡县名，出诸药物；《尔雅》周公所作，而云'张仲孝友'③；仲尼修《春秋》，而《经》书孔丘卒④；《世本》左丘明所书⑤，而有燕王喜、汉高祖；《汲冢琐语》⑥，乃载秦望碑⑦；《苍颉篇》李斯所造，而云'汉兼天下，海内并厕，豨黥韩覆⑧，畔讨灭残'；《列仙传》刘向所造，而《赞》

云"七十四人出佛经";《列女传》亦向所造,其子歆又作《颂》⑨,终于赵悼后⑩,而传有更始韩夫人、明德马后及梁夫人嫕⑪。皆由后人所羼⑫,非本文也。"

【注释】

①秦人灭学:指秦始皇"焚书坑儒"之事。

②董卓焚书:指东汉末年董卓作乱时,烧概观阁,毁坏经典之事。

③张仲:西周宣王时人,在周公之后约百余年。孝友:事父母孝顺、对兄弟友爱。《诗经·小雅·六月》:"侯谁在矣,张仲孝友。"

④《经》:此处指《左传》。

⑤《世本》:书名。《汉书·艺文志·六艺略》载有《世本》十五篇,《司马迁传·赞》也曾提到此书。这本书主要记黄帝以来至春秋时(后人增补至汉)列国诸侯大夫的氏姓、世系、居(都邑)、作(制作)等,书在唐代时已有残缺,至宋末亡佚。

⑥《汲冢琐语》:西晋太康二年,汲郡人不准盗发魏襄王墓,得书数十车,有《琐语》十一篇,记战国时期各国卜梦妖怪相书。

⑦秦望碑:指秦始皇东游秦望山时所立的碑。事见《史记·秦始皇本纪》。

⑧豨(xī):指汉人陈豨。黥(qíng):黥刑,墨刑。韩:指韩信。

⑨歆：即刘歆，字子骏，后改名秀，字颖叔。西汉经学家，与父亲刘向总校群书，父亲死后，刘歆为中磊校尉，继承父业，整理六经群书，编成《七略》。

⑩赵悼后：战国时期赵悼襄王赵偃之后。

⑪更始韩夫人：指汉更始帝刘玄的宠姬韩夫人。明德马后：指东汉光武帝刘秀之后。梁夫人嫕（yì）：汉和帝的姨妹梁嫕。

⑫羼（chàn）：本为群羊杂居，引申为错乱搀杂。

【译文】

有人问道："《山海经》这本书，是夏禹和伯夷所记录的，而里面却有长沙、零陵、桂阳、诸暨等地名，像这样的郡县名在这本书里提到不少，您认为这是怎么回事呢？"我回答说："史书的文章残缺不全，这种情况由来已久；再加上秦朝灭绝学术，董卓作乱焚书，导致经书典籍杂乱无序，失去本来面貌，其中的错误不止这些。譬如《本草》这本书本是神农氏所著，而其中却出现了豫章、朱崖、赵国、常山、奉高、真定、临淄、冯翊等郡县名以及它们出产的各种药物；《尔雅》是周公所撰，然而却说西周人'张仲孝敬父母，友爱兄弟'；孔子修订了《春秋》，而《春秋左氏传》中却写到了孔子去世；《世本》是春秋时人左丘明所著，而其中却提到战国时期的燕王喜和汉高祖刘邦；战国成书的《汲冢琐语》，竟然还记载了秦始皇出巡天下时所立的石刻碑文；《苍颉篇》是秦人李斯所著，然而书中却说'汉朝兼并天下，四海之内统一，陈豨被黥，韩信覆亡，讨伐叛乱消灭残兵'；《列仙传》是西汉人刘向所写，而这本书的《赞》中却说'七十四人出于佛经';《列女传》也是刘向所著，他的儿子刘歆又为这本书写了《颂》的部分，书中的记录截止到战国时期的赵悼后，然而这本书的注本中却有了汉朝更始帝的宠姬韩夫人、光武帝的马皇后以及东汉梁夫人嫕。以上所举的例子都是由后人掺杂到书中的内容，并不是那些书的原文。

或问曰："《东宫旧事》何以呼'鸱尾'为'祠尾'①？"答曰："张敞者，吴人，不甚稽古②，随宜记注，逐乡俗讹谬③，造作书字耳。吴人呼'祠祀'为'鸱祀'，故以'祠'代'鸱'字；呼'绀'为'禁'④，故以'纟'傍作'禁'代'绀'字；呼'盏'为竹简反，故以'木'傍作'展'代'盏'字；呼'镬'字为'霍'字⑤，故以'金'傍作'霍'代'镬'字；又'金'傍作'患'为'镮'字⑥，'木'傍作'鬼'为'魁'字，'火'傍作'庶'为'炙'字，'既'下作'毛'为'髻'字；金花则'金'傍作'华'，窗扇则'木'傍作'扇'：诸如此类，专辄不少⑦。"

【注释】

①《东宫旧事》：汉张敞所撰，共十卷。

②稽古：考察古事。《尚书·尧典》："曰若稽古，帝尧曰放勋。"

③讹谬（miù）：讹误错谬，多指文字、训读方面的。

④绀（gàn）：天青色，深青透红之色。

⑤镬（huò）：无足鼎，古时用来煮肉及鱼、腊肉的
器具。

⑥镮（huán）：环，泛指圆形物。

⑦专辄：专断，专擅。

【译文】

有人问道："《东宫旧事》为什么把'鸱尾'称为'祠
尾'？"回答说："《东宫旧事》的作者张敞是吴郡人，不
注重考察古事，随意记录史实，顺随民间时俗的讹传误说，
伪造文字罢了。吴地的人称'祠祀'为'鸱祀'，所以张
敞用'祠'来代替'鸱'字；把'绀'读成'禁'，所以用
'纟'字旁加'禁'来代替'绀'字；把'盏'读为竹简反，
因此用'木'字旁加'展'来代替'盏'字；把'镬'字
读成'霍'字，因此用'金'字旁加'霍'字来代替'镬'
字；又在'金'字旁加'患'造'镮'字，在'木'字旁
加'鬼'作为'魁'字，在'火'字旁加'庶'作'炙'字，
在'既'字下面加'毛'当作'髻'字；金花则在'金'
字旁加'华'字，窗扇的'扇'字则是在'木'旁加'扇'：
像这样的例子，主观臆断的成分很大。"

又问："《东宫旧事》'六色罽䋺①'，是何等
物？当作何音？"答曰："案：《说文》云：'菨②，牛
藻也，读若"威"。'《音隐》③：'坞瑰反。'即陆
机所谓'聚藻，叶如蓬'者也。又郭璞注《三苍》
亦云：'蕰，藻之类也，细叶蓬茸生④。'然今水中

有此物，一节长数寸，细茸如丝，圆绕可爱，长者
二三十节，犹呼为'䓮'。又寸断五色丝，横着线
股间绳之，以象䓮草，用以饰物，即名为'䓮'；
于时当绁六色罽⑤，作此䓮以饰绲带⑥，张敞因造
'纟'旁'畏'耳，宜作'㬰'。"

【注释】

①罽（jì）：一种毡类毛织物。

②䓮（jūn）：一种水藻。

③《音隐》：书名。《隋书·经籍志》载有《说文音隐》
　四卷。

④蓬：杂乱、松散的样子。

⑤绁（xiè）：拴，缚。

⑥绲（gǔn）带：以色丝织成的束带。

【译文】

　　又问道："《东宫旧事》中提到的'六色罽缥'是什么
东西？应该读成什么音？"回答说："据考证：《说文解字》
中说：'䓮就是牛藻，读音如"威"字。'《音隐》中注的音
是：'坞瑰反。'就是陆机所说的'聚藻，叶子像蓬草一样'
的那种植物。再者郭璞注的《三苍》中也说：'蕰是藻类的
一种，叶子的形状细长，上面长着松散的茸毛。'现在的水
中生长着这种植物，一节枝茎约几寸长，细细的茸毛像丝
一样，随着水流回环缭绕，十分令人喜爱，长的有二三十
节，仍然称为'䓮'。另外，将五色丝线截成一寸长，横着
加在线股中编成绳子，做成䓮草形状，用来装饰物品，这

种丝织物就称为'著';那时候应该是编结六色的丝毛,做成这种著来装饰丝带,张敞就因此造了'纟'字旁加'畏'的字,其实应该是'隈'字。"

柏人城东北有一孤山^①,古书无载者。唯阚骃《十三州志》以为舜纳于大麓^②,即谓此山,其上今犹有尧祠焉;世俗或呼为"宣务山",或呼为"虚无山",莫知所出。赵郡士族有李穆叔、季节兄弟、李普济^③,亦为学问,并不能定乡邑此山。余尝为赵州佐,共太原王邵读柏人城西门内碑。碑是汉桓帝时柏人县民为县令徐整所立,铭曰:"山有巏嵍^④,王乔所仙^⑤。"方知此"巏嵍"山也。"巏"字遂无所出。"嵍"字依诸字书,即"旄丘"之"旄"也^⑥;"旄"字,《字林》一音亡付反,今依附俗名,当音"权务"耳。入邺,为魏收说之,收大嘉叹^⑦。值其为《赵州庄严寺碑铭》,因云"权务之精",即用此也。

【注释】

①柏人城:古地名。在今河北隆尧。春秋晋地,战国属赵,汉置县。

②阚(kàn)骃:字玄阴,北魏敦煌人,撰有《十三州志》。

③李穆叔:即李公绪,他博通经史,撰有《典言》十卷、《礼质疑》五卷、《丧服章句》一卷、《古今略

纪》二十卷、《赵纪》八卷、《赵语》十二卷。季节：
李公绪之弟李概。

④巏嵍（quánwù）：即尧山，在今河北隆尧西。

⑤王乔：即传说中的仙人王子乔。

⑥旄丘：前高后低的山丘。《诗经·邶风·旄丘》："旄
丘之葛兮，何诞之节兮。"《尔雅·释丘》："前高旄
丘，后高陵丘。"

⑦嘉叹：赞叹。

【译文】

柏人城的东北方向有一座孤山，古书中都没有关于它
的记载。只有阚骃的《十三州志》中认为尧曾经纳舜于大
麓，指的就是这座山，这座山上现在还存有尧的祠堂；世
间百姓有的把它叫做"宣务山"，有的称作"虚无山"，不
知道这种称呼的由来。赵郡的士大夫中有李穆叔、李季节
兄弟，以及李普济，都很有学问，却都不能确定自己家乡
这座山的名称及由来。我曾经担任赵郡的州佐，和太原人
王邵一起研读过柏人城西门内的石碑。那块碑是汉桓帝时
的柏人县百姓为县令徐整立的，上面刻着："县内有巏嵍
山，是王乔成仙的地方。"由此才知道"巏嵍"就是这座
山。"巏"字没有出处，"嵍"字根据字书记载，就是"旄丘"
的"旄"字。"旄"这个字，《字林》注音为亡付反，现在顺
从俗名，应当读作"权务"。我到了邺城之后，向魏收说
起这件事，魏收大为赞叹。等他撰《赵州庄严寺碑铭》时，
因而写了"权务之精"，就是用了这一典故。

或问："一夜何故五更？更何所训？"答曰："汉、魏以来，谓为甲夜、乙夜、丙夜、丁夜、戊夜，又云'鼓'，一鼓、二鼓、三鼓、四鼓、五鼓，亦云一更、二更、三更、四更、五更，皆以'五'为节。《西都赋》亦云：'卫以严更之署^①。'所以尔者，假令正月建寅^②，斗柄夕则指寅^③，晓则指午矣；自寅至午，凡历五辰^④。冬夏之月，虽复长短参差，然辰间辽阔，盈不过六，缩不至四，进退常在五者之间。更，历也，经也，故曰五更尔。"

【注释】

①严更：督察巡夜的更鼓。

②建寅：古代以北斗星斗柄的运转计算月份，斗柄指向十二辰中的寅即为夏历正月。《淮南子·天文训》："天一元始，正月建寅。"

③斗柄：北斗柄。指北斗的第五至第七星，即衡、开泰、摇光。北斗，第一至第四星象斗，第五至第七星象柄。《国语·周语下》："日在析木之津，辰在斗柄。"

④五辰：五个时辰。辰，旧时计时的单位，把一昼夜平分为十二段，每段叫做一个时辰，合现在的两小时。

【译文】

有人问："一夜为什么划分成五更？更是什么意思？"回答说："汉、魏以来，称为甲夜、乙夜、丙夜、丁夜、戊夜；又称'鼓'，分为一鼓、二鼓、三鼓、四鼓、五鼓；也叫一更、二更、三更、四更、五更，都以'五'为节数。
《西都赋》中又说：'卫以严更之署。'之所以这样，是因为
假如正月建寅，北斗星的斗柄傍晚指向寅星，早晨就指向
午星；从寅转到午，总共经过五个时辰。冬天和夏天，虽
然经历的时间长短不一致，然而时辰之间的长短差别，最
长的不超过六个时辰，短的不少于四个时辰，或长或短都
基本在五个时辰左右。更，就是历、经的意思，所以称五
更。"

　　《尔雅》云："术①，山蓟也②。"郭璞注云："今
术似蓟而生山中。"案：术叶其体似蓟，近世文士，
遂读"蓟"为"筋肉"之"筋"，以耦"地骨"用
之③，恐失其义。

【注释】

①术（zhú）：草名。多年生草本。有白术、苍术等数
　种。根茎可入药。
②山蓟（jì）：术的别名。
③耦：匹敌，相对。地骨：枸杞的别名。

【译文】

《尔雅》中说："术，就是山蓟。"郭璞注释说："术长
得像蓟草，长在山里。"按语：术叶的形状像蓟草，近代的
文人于是就把"蓟"读成"筋肉"的"筋"，用来和"地骨"
对偶，这恐怕不是它的意思。

或问："俗名'傀儡子'为'郭秃'^①，有故实乎^②？"答曰："《风俗通》云：'诸郭皆讳秃。'当是前代人有姓郭而病秃者，滑稽戏调^③，故后人为其象，呼为'郭秃'，犹《文康》象庾亮耳^④。"

【注释】

①傀儡子：即傀儡戏。

②故实：出处，典故。

③戏调：诙谐，开玩笑。

④《文康》：又名《礼毕》，舞乐名。在这种舞蹈中，舞者扮演晋代的庾亮，因为庾亮的谥号叫文康，故名《文康》。事见《隋书·音乐志下》。

【译文】

有人问："俗称'傀儡戏'为'郭秃'，有什么出处么？"回答说："《风俗通》中说：'所有姓郭的人都避讳秃字。'应该是前代中有姓郭而得了秃病的人，言行可笑，为人诙谐，所以后人把木偶做成他的样子，称为'郭秃'，就好像《文康》舞模仿庾亮一样。"

或问曰："何故名'治狱参军'为'长流'乎^①？"答曰："《帝王世纪》云：'帝少昊崩^②，其神降于长流之山，于祀主秋。'案：《周礼·秋官》，司寇主刑罚、长流之职，汉、魏捕贼掾耳^③。晋、宋以来，始为参军，上属司寇，故取秋帝所居为嘉名焉^④。"

【注释】

①长流：指治狱参军。也称长流参军，司禁防。

②少昊（hào）：也称"少皞"。传说中古代东夷首
　　领，名挚（一作质），号金天氏。东夷曾以鸟为图
　　腾，相传少昊曾以鸟名为官名，传说他死后为西方
　　之神。

③掾（yuàn）：官府中佐助官吏的通称。

④嘉名：美名。

【译文】

有人问："为什么称'治狱参军'为'长流'？"回答
说："《帝王世纪》中说：'少昊帝死的时候，他的神灵降在
长流山上，掌管秋天的祭祀。'据考证：《周礼·秋官》中
记载：司寇掌管刑罚、长流的职责，也就是汉、魏时期的
捕贼掾。两晋、刘宋以来，朝廷中才设参军之职，向上归
属于司寇，所以用秋帝少昊所处的地名作为它的美称。"

　　客有难主人曰："今之经典，子皆谓非，《说文》
所言，子皆云是，然则许慎胜孔子乎？"主人拊掌
大笑①，应之曰："今之经典，皆孔子手迹耶？"客
曰："今之《说文》，皆许慎手迹乎？"答曰："许慎
检以六文②，贯以部分③，使不得误，误则觉之。孔
子存其义而不论其文也。先儒尚得改文从意，何况
书写流传耶？必如《左传》'止戈'为'武'，'反
正'为'乏'，'皿虫'为'蛊'，'亥'有'二首六
身'之类，后人自不得辄改也，安敢以《说文》校

其是非哉？且余亦不专以说文为是也，其有援引经传，与今乖者，未之敢从。又相如《封禅书》曰：'导一茎六穗于庖，牺双觡共抵之兽④。'此'导'训'择'，光武诏云：'非徒有豫养导择之劳'是也。而《说文》云：'导是禾名。'引《封禅书》为证；无妨自当有禾名导，非相如所用也。'禾一茎六穗于庖'，岂成文乎？纵使相如天才鄙拙，强为此语；则下句当云'麟双觡共抵之兽'，不得云'牺'也。吾尝笑许纯儒⑤，不达文章之体，如此之流，不足凭信。大抵服其为书，隐括有条例⑥，剖析穷根源，郑玄注书，往往引以为证；若不信其说，则冥冥不知一点一画⑦，有何意焉？"

【注释】

①拊（fǔ）掌：拍手，鼓掌。表示欢乐或愤激。

②检：考查，察验。六文：指六书。

③贯以部分：按部首分类，分别部居。贯，通。

④觡（gé）：骨角。

⑤纯儒：纯粹的儒者。

⑥隐括：用以矫正邪曲的器具，引申为标准、规范。

⑦冥冥：懵懂无知的样子。

【译文】

有位客人责难我说："现在流传的经书典籍中的文字，你都说是错误的，而《说文解字》对文字的解释，你认为都是正确的，这样说来，难道许慎比孔子高明吗？"我拍手大笑，回答说："现在的经典都是孔子的手迹吗？"客人反问道："现在的《说文解字》都是许慎的手迹吗？"我回答说："许慎依据六书来分析字形解释字义，将文字按部首分类，使文字的形、音、义都没有错误，一旦有错误就能发现错在何处。孔子校订经书，重视经书的文章大意，而不推究文字。前代的学者尚且还得改动文字以顺从文意，何况又经过了众人的抄写流传？必定得是像《左传》中的'止戈'为'武'，'反正'为'乏'，'皿虫'为'蛊'，'亥'有'二首六身'这种明确地说出字体结构的情况，后人自然无法随意改变，我又怎么敢用《说文解字》去考校这种说法的对与错呢？况且我也不认为《说文解字》是完全正确的，书中引用的典籍原文，如果与现在通行的典籍有出入，我也不敢盲目依从。例如司马相如的《封禅书》中说：'导一茎六穗于庖，牺双觡共抵之兽。'这里的'导'解释成'择'，汉光武帝的诏书说：'非徒有豫养导择之劳'中的'导'也是这种情况。而《说文解字》却解释说：'导是一种禾的名字。'并且引用《封禅书》作为例证；或许真的有一种禾名叫'导'，但那并不是司马相如《封禅书》中所用的'导'。如果照许慎的解释，那就是'禾一茎六穗于庖'，这个句子还讲得通么？纵然是司马相如天生粗鄙拙劣，生硬地写出这种句子，那么下句就应该写成'麟双觡共抵之兽'，而不会说'牺双觡共抵之兽'。我曾经笑话许慎是个纯粹的儒生，不懂得文学作品的体裁和风格，像这一类的例证，就不足信赖。我基本上还是信服许慎写的这本《说文解字》，书中对文字的分类有明确的体例，通过分析字的形体来探求字的本义，郑玄注释经书时，常常用《说文解字》作为论据；如果不相信许慎的学说，就会稀里糊涂不懂得字的形体结构，这样即使饱读经书典籍又有什么意义呢？"

　　世间小学者，不通古今，必依小篆，是正书记①；凡《尔雅》《三苍》《说文》，岂能悉得苍颉本指哉②？亦是随代损益，互有同异。西晋已往字书，何可全非？但令体例成就，不为专辄耳。考校是非，特须消息③。至如"仲尼居"，三字之中，两字非体，《三苍》"尼"旁益"丘"，《说文》"尸"下施"几"：如此之类，何由可从？古无二字④，又多假借，以"中"为"仲"，以"说"为"悦"，以"召"为"邵"，以"閒"为"閑"：如此之徒，亦不劳改。自有讹谬，过成鄙俗，"乱"旁为"舌"，"揖"下无"耳"，"鼋""鼍"从"龜"，"奮""奪"从"雚"⑤，"席"中加"帶"，"惡"上安"西"，"鼓"外设"皮"，"鑿"头生"毀"，"離"则配"禹"，"壑"乃施"豁"，"巫"混"經"旁，"皋"分"澤"片，"獵"化为"獦"⑥，"寵"变成"寵"⑦，"業"左益"片"，"靈"底着"器"，"率"字自有"律"音，强改为别；"單"字自有"善"音，辄析成异：如此之类，不可不治。吾昔初看《说文》，蚩薄世字⑧，从正则惧人不识，随俗则意嫌其非，略是不得下笔也。所见渐广，更知通变，救前之执，将欲半焉。若文章著述，犹择微相影响者行之⑨，官曹文书，世间尺牍⑩，幸不违俗也。

【注释】

①是正：订正，校正。书记：书本。

②本指：原意。

③消息：斟酌。

④二字：指一个字有两个形体，两种写法。

⑤鹳（guàn）：水鸟名。

⑥獵（liè）：指打猎、捕捉禽兽。

⑦竉（lǒng）：孔，洞。

⑧蚩（chī）薄：讥嘲鄙薄。蚩，通"嗤"，嘲笑，讥笑。

⑨微相影响：稍微近似。

⑩尺牍：信札，书信。

【译文】

世上那些研究文字学的学者，不明白古今字体的演变规则，必定依据小篆的形体来校正现在的文字；只是，《尔雅》《三苍》《说文解字》等书，哪能尽得苍颉所造字体的本意呢？这些字书也是随着时代的发展而有所变化，相互之间有同有异。西晋以前的字书，怎么能够全部加以否定呢？只要它们体例完备自成系统而不是任由人随意发挥就可以了。考订校对文字的对错，尤其需要仔细斟酌。像"仲尼居"，三个字中，就有两个字不合正体。《三苍》中的"尼"字旁边多了个"丘"字，《说文解字》中的"尼"是在"尸"字下面加"几"字：像这样的情况，怎么能够盲目依从呢？古时候不存在一个字有两种形体这种情况，同时有很多假借的现象，把"中"字假借成"仲"字，把"說"字假借成"悦"字，把"召"字假借称"邵"字，把"閒"字假借成"閑"字：像这种情况的字，也不用更改。自然也有讹误错谬的文字，这些错误形成了鄙陋的习俗，如把"亂"字的偏旁写成"舌"，"揖"字下面没有"耳"字，将"黿"字、"鼍"字写成"龜"字旁，将"奮"字和"奪"字写成"雚"字旁，在"席"字中加"帶"字，在"惡"字上面安"西"字，在"鼓"外部加"皮"字，"鑿"字的顶部写成"毁"字，将"離"字配上"禹"字，"壑"字居然加了"豁"字，"巫"字和"經"字的部首相混，"皐"字写成"澤"字的半边，"獵"字变成了"獦"字，"寵"字变成"竉"字，"業"字的左边加了"片"字，"靈"字的底下添了个"器"字，"率"字本就有读成"律"的时候，非得改成别的字；"單"字本来就有"善"这个读音，往往被分析成别的读音：像这样的情况，不能不修改。我过去初读《说文解字》的时候，很鄙薄这些通行的俗字，按照正体写则怕别人不认识，顺从时俗写那么自己心里又厌恶写错字，不用这些字又没法下笔。随着见识日渐广博，才懂得适时变通，纠正以前用字时的过分拘泥，打算取二者中间。要是撰写文章，就选择稍微近似的字来用，要是写官府公文，以及与别人来往的书信，就不违背通行的用字习惯了。

案：弥亙字从二间舟①，《诗》云"亙之秬秠"

是也^②。今之隶书，转"舟"为"日"；而何法盛《中兴书》乃以"舟"在"二"间为舟"航"字，谬也。《春秋说》以"人十四心"为"德"，《诗说》以"二在天下"为"酉"，《汉书》以"货泉"为"白水真人"^③，《新论》以"金昆"为"银"^④，《国志》以"天上有口"为"吴"^⑤，《晋书》以"黄头小人"为"恭"^⑥，《宋书》以"召刀"为"邵"^⑦，《参同契》以"人负告"为"造"^⑧：如此之例，盖数术谬语，假借依附，杂以戏笑耳。如犹转"贡"字为"项"，以"叱"为"匕"，安可用此定文字音读乎？潘、陆诸子《离合诗》《赋》《杋卜》《破字经》^⑨，及鲍照《谜字》^⑩，皆取会流俗，不足以形声论之也。

【注释】

①亙（gèn）：假借为"亘"字。

②秬（jù）秠（pī）：秬是黑黍的大名，秠是黑黍中一稃二米者。

③白水真人：汉代钱币"货泉"的别称。

④金昆：指银子。"银"字拆开为"金""艮"，"艮"又近"昆"，故讹作"金昆"。

⑤《国志》：即晋陈寿所著《三国志》。

⑥黄头小人：隐语，指"恭"字。《宋书·五行志二》："王恭在京口，民间忽云：'黄头小人欲作贼，阿公在城下，指缚得。'又云：'黄头小人欲作乱，赖得金刀作蕃扞。''黄'字上，'恭'字头也。'小人'，

‘恭’字下也。”

⑦召刀：隐语，指“劲”字。见《南史·列传第四》：“初命之曰劲，在文为召刀，后恶焉，改刀为力。”

⑧《参同契》：全名《周易参同契》，是最早系统论述道教炼丹的书。

⑨《离合诗》：杂体诗名，实际上是文字游戏。常见之一种是拆开字形合成诗句。汉魏六朝时即已有之。栻（shì）：古代占卜日的器具，后称为星盘。破字：即拆字。以汉字加减笔划，拆开偏旁或打乱字体结构，加以附会，以推算吉凶。

⑩《谜字》：即《字谜》，鲍照所作。

【译文】

据考证：“弥亘”的“亘”字，从属于“二”字当中加“舟”字，《诗经》里说的“亘之秬秠”的“亘”就是这个字。现在的隶书，把“二”字中间的“舟”字转化成了“日”字；而何法盛的《晋中兴书》中竟然认为“舟”字加在“二”字中间所组成的字是“航”字，真是错得离谱啊。《春秋说》中以“人十四心”作“德”字，《诗说》中以“二在天下”暗指“酉”字，《汉书》中把“货泉”称为“白水真人”，《新论》之中以“金昆”暗指“银”字，《三国志》中用“天上有口”暗指“吴”字，《晋书》当中用“黄头小人”暗指“恭”字，《宋书》当中用“召刀”暗指“劲”字，《周易参同契》中以“人负告”暗指“造”字：像这样的例子，都是术数附会的荒谬说法，假借别的字来附会己意，混杂乱说用来游戏取乐罢了。就好像把“贡”字转化为“项”字，把"叱"字当作"匕"字，哪能根据这些说法来确定文字的读音呢？潘岳、陆机等人所写的《离合诗》《赋》《枳卜》《破字经》以及鲍照的《谜字》，都是迎合社会流俗的作品，根本不配用形声造字的方法理论来评价它们。

河间邢芳语吾云："《贾谊传》云：'日中必熭①。'注：'熭，暴也。'曾见人解云：'此是暴疾之意，正言日中不须臾，卒然便昃耳②。'此释为当乎？"吾谓邢曰："此语本出太公《六韬》，案字书，古者'暴晒'字与'暴疾'字相似③，唯下少异，后人专辄加傍'日'耳。言日中时，必须曝晒，不尔者，失其时也。晋灼已有详释④。"芳笑服而退。

【注释】

①熭（wèi）：晒干，烤干。

②昃（zè）：指日西斜。《周易·离卦》："日昃之离，何可久也！"

③暴："暴"的异体字。

④晋灼：河南人，晋尚书郎，有《汉书音义》十七卷。

【译文】

河间人邢芳对我说："《汉书·贾谊传》里说：'日中必熭。'注释说：'熭，就是暴的意思。'我曾经见到别人解释说：'这是迅猛的意思，就是说正午的时间不长，太阳很快就西斜了。'这个解释合适么？"我对邢芳说："这句话本来出自姜太公的《六韬》，考证字书中的说法，古时候'暴晒'的'暴'字和'暴疾'的'暴'字形体相似，只是下半部分有点不同，后人擅自给'暴'字加了'日'字旁。这句话的意思是说太阳正午的时候一定要物品晾晒在阳光下，不这样的话，就错过了适宜的时间。晋灼对此已经有过详细的解释。"邢芳心悦诚服地回去了。

卷 七

音辞第十八

　　这一篇主要讲述语言和音韵方面的内容。作者认为自古以来，各地的方言就存在种种差异，在文中对南北地区的发音情况进行了比较。

　　夫九州之人，言语不同，生民已来，固常然矣。自《春秋》标齐言之传①，《离骚》目楚词之经，此盖其较明之初也。后有扬雄著《方言》，其言大备②。然皆考名物之同异③，不显声读之是非也。逮郑玄注"六经"，高诱解《吕览》《淮南》，许慎造《说文》，刘熹制《释名》④，始有譬况假借以证音字耳⑤。而古语与今殊别，其间轻重清浊，犹未可晓；加以内言外言、急言徐言、读若之类⑥，益使人疑。孙叔言创《尔雅音义》，是汉末人独知反语。至于魏世，此事大行。高贵乡公不解反语⑦，以为怪异。自兹厥后，音韵锋出，各有土风，递相非笑⑧，指马之谕⑨，未知孰是。共以帝王都邑，参校方俗，考覈古今⑩，为之折衷。搉而量之，独金陵与洛下耳。南方水土和柔，其音清举而切诣⑪，失在浮浅，其辞多鄙俗。北方山川深厚，其音沉浊而钝⑫，得其质直，其辞多古语。然冠冕君子，南方为优；闾里小人，北方为愈。易服而与之谈，南方士庶，数言可辩；隔垣而听其语⑬，北方朝野⑭，终日难分。而南染吴、越，北杂夷虏，皆有深弊，不可具论。其谬失轻微者，则南人以"钱"为"涎"，以"石"为"射"，以"贱"为"羡"，以"是"为"舐"；北人以"庶"为"戍"，以"如"为"儒"，以"紫"为"姊"，以"洽"为"狎"。如此之例，两失甚多。至邺已来，唯见崔子约、崔瞻叔侄，李祖仁、李蔚兄弟，颇事言词，少为切正⑮。李季节著《音韵决疑》，时有错失；阳休之造《切韵》，殊为疏野。吾家儿女，虽在孩稚，便渐督正之；一言讹替⑯，以为己罪矣。云为品物⑰，未考书记者，不敢辄名，汝曹所知也。

【注释】

①齐言：齐国方言。何休《春秋公羊传解诂》有多处指明《公羊传》用齐国之言。

②备：完备，齐备。

③名物：事物的名称、特征等。

④刘熹：即刘熙。《释名》：书名，汉代刘熙所撰，共八卷，以同声相谐，推论称名辨物之意。

⑤譬况：古代的一种注音方法，即用近似的字来比照说明某个字的发音。

⑥内言、外言：古代注家譬况字音用语。所谓内外指韵之洪细而言，内言发洪音，外言发细音。急言：汉代注家譬况字音用语。与"缓言""徐言"对言。有 i [i] 介音的细音字，因发音时口腔的气道先窄而后宽，肌肉先紧而后松，其音急促，故名。徐言：缓言，缓气言之。读若：古代注音、释义用语。

⑦高贵乡公：曹髦，魏文帝曹丕之孙，在位七年，为贾充所杀。

⑧递相非笑：互相讥笑。

⑨指马：战国时名家公孙龙提出"物莫非指，而指非指""白马非马"等命题，讨论名与实之间的关系。

《庄子·齐物论》则谓"以指喻指之非指，不若以非指喻指之非指也，以马喻马之非马，不若以非马喻马之非马也。天地一指也，万物一马也"。认为世界是一个统一体，应各任自然，不分彼此、是非、长短、多少。后遂以"指马"为争辩是非、差别的代称。

⑩考覈（hé）：考核。

⑪清举：声音清脆而悠扬。切诣（yì）：发音迅急。

⑫铫钝：浑厚，不尖锐。

⑬垣（yuán）：矮墙。

⑭朝野：朝廷与民间。这里指官员和普通百姓。

⑮切正：切磋相正。

⑯讹替：差误。

⑰品物：物品，东西。

【译文】

九州范围内的百姓，说话互不相同，从人类诞生以来，就一向如此。自从《春秋》有了标明齐地方言传本，《离骚》被视为楚地的歌谣，这大概是古人明白各地语言存在差异的开始。后来扬雄写了《方言》这本书，其中关于各地方言的不同，论述非常完备。然而这本书中的内容都是考证事物名称的异同，并不能显示出读音的对或错。到了郑玄注释"六经"，高诱注解《吕氏春秋》《淮南子》，许慎撰写《说文解字》，刘熹撰写《释名》的时候，才开始用譬况或假借的方法来为音同或音近的字注音。然而古代的读音和现代的发音很不一样，其中语音的轻重、清浊，还不能明了；再加上他们注音时用的内言外言、急言徐言、读若之类的说法，更加让人迷惑。孙叔言撰写了《尔雅音义》，他是汉朝末年唯一一个懂反切注音法的人。到了曹魏时期，用反切来为汉字注音的方法大行于世。高贵乡公曹髦因为不懂得这种反切注音法，被当时的人看作是一件怪异的事。从此之后，关于音韵的书纷纷出现，这些书各自记录不同地区的方言，相互嘲讽讥笑，彼此展开争辩，不知道到底哪种说法是正确的。后来大家都用帝王都城所在地区的语音，参考比较各地的方言俗语，研究考证古今读音，来制定准则调和这些争执。经过反复商讨和权衡之后，可以认定只有建康地区的发音和洛阳地区的发音足以分别代表南北地区的发音标准。南方地区水土柔和，语音清亮悠扬而发音急切，不足之处在发音浅而浮，言辞大多鄙陋粗俗。北方地区山高水深，语音低沉浊重而浑厚，长处是质朴平实，言辞中保留着很多古语。然而就士大夫的言谈水平而论，南方优于北方；而从市井百姓的说话水平来看，则北方胜过南方。假如给两个不同阶层的人交换了服装让他们交谈，南方的士大夫和平民，只须听他们说过几句话之后就可以分辨出他的真正身份；隔着墙听人家说话，若谈话的是北方的官员和百姓，即使听一天也难以区分二人的身份。然而南方地区的语言沾染了吴语、越语的影响，北方话夹杂着蛮夷外族的语言，二者都存在着很大的弊病，这里不能具体论述。有些情况错在发音过于轻微，例如南方人把"钱"读作"涎"，把"石"读作"射"，把"贱"读作"羡"，把"是"读作"舐"；北方人把"庶"读作"戍"，把"如"读作"儒",把"紫"读作"姊",把"洽"读作"狎"。像例子中所说的这种情况,南方与北方都错得很多。我到邺城以来,只知道崔子约、崔瞻叔侄二人,李祖仁和李蔚兄弟俩,对语言略有研究,可以互相切磋补正。李季节写《音韵决疑》,经常会出现错误不当之处;阳休之撰的《切韵》,十分粗略草率。我家的儿女,纵然年龄还很小,也逐步纠正他们的发音,他们若是有一个字说得不对,我就认为那是我的过错。所有物品,没有在书籍记录中得到考证,我就不敢随便称呼,这些都是你们所知道的事情。

古今言语,时俗不同;著述之人,楚、夏各异。《苍颉训诂》①,反"稗"为"逋卖",反"娃"为"於乖";《战国策》音"刟"为"免",《穆天子传》音"谏"为"间";《说文》音"戛"为"棘",读"皿"为"猛";《字林》音"看"为"口甘反",音"伸"为"辛";《韵集》以成、仍、宏、登合成两韵,为、奇、益、石分作四章;李登《声类》以"系"音"羿",刘昌宗《周官音》读"乘"若"承";此例甚广,必须考校。前世反语,又多不切。徐仙民《毛诗音》反"骤"为"在遘",《左传音》切"椽"为"徒缘",不可依信,亦为众矣。今之学士,语亦不正;古独何人,必应随其讹僻乎②?《通俗文》曰:"入室求曰搜。"反为"兄侯"。然则"兄"当音"所荣反"。今北俗通行此音,亦古语之不可用者。玙璠③,鲁人宝玉,当音"余烦",江南皆音

"藩屏"之"藩"。"岐"山当音为"奇",江南皆呼
为"神祇"之"祇"。江陵陷没,此音被于关中,
不知二者何所承案④。以吾浅学,未之前闻也。

【注释】

①《苍颉训诂》:书名,后汉杜林所撰。

②讹僻:讹误。

③玙璠(yúfán):指美玉。

④承:依从。

【译文】

　　古今的语言,因为时俗习惯的差异而有所不同;撰
述文章的人,也是南楚北夏各不相同。《苍颉训诂》中给
"稗"注的音是"逋卖反",给"娃"注的音是"於乖反";
《战国策》把"刎"读成"免";《穆天子传》给"谏"注音
为"间";《说文解字》将"戞"注音为"棘",将"皿"读
作"猛";《字林》中给"看"注的音是"口甘反",把"伸"
注音为"辛";《韵集》中把"成""仍""宏""登"合为两
个韵,又把"为""奇""益""石"分入四个韵部;李登的
《声类》用"系"给"羿"注音,刘昌宗的《周官音》将
"乘"读若"承";这种例子有很多,必须注意考证校正。
前代的反切注音,又有很多是不合适的。徐仙民的《毛诗
音》中将"骤"的读音注成"在遘反",《左传音》中将"椽"
注为"徒缘切",这些不能信从的例子也是很多的。现在的
学者,注音也有不正确的;古人是什么人,后人一定要沿
袭他们的错误吗?《通俗文》中说:"入室求曰搜。"作者

将"搜"注为"兄侯反"。如果是这样的话，那么"兄"就应该读作"所荣反"。现在北方民间通行这个读音，这也是古代语言中不能沿用的例子。玙璠，是鲁国的宝玉，应该读成"余烦"，江南地区的人都把"璠"读成"藩屏"的"藩"。"岐山"的"岐"应该读作"奇"，江南地区的人都将它读作"神祇"的"祇"。江陵陷落以后，这两种读音在关中普遍流传，不知道它们的依据是什么。因为我才疏学浅，还没有听说过。

北人之音，多以"举""莒"为"矩"；唯李季节云："齐桓公与管仲于台上谋伐莒，东郭牙望见桓公口开而不闭，故知所言者莒也。然则莒、矩必不同呼①。"此为知音矣②。

【注释】

①呼：音韵学名词。汉语音韵学家依据口、唇的形态将韵母分为开口呼、齐齿呼、合口呼、撮口呼四类，合称四呼。

②知音：懂得音韵的人。

【译文】

北方人的语音，经常把"举""莒"读成"矩"；只有李季节说："齐桓公与管仲在台上商议讨伐莒国的事情，东郭牙远远望见桓公说话的时候嘴张开而不合上，因而知道他们谈论的对象是莒国。这样的话，那么'莒''矩'二字的发音方法必定有开口、合口的不同。"他是懂音韵的人。

夫物体自有精粗，精粗谓之好恶^①；人心有所去取，去取谓之好恶^②。此音见于葛洪、徐邈。而河北学士读《尚书》云好生恶杀^③。是为一论物体，一就人情，殊不通矣。

【注释】

①好恶（hǎo'è）：好坏。

②好恶（hàowù）：喜好与嫌恶。

③好生恶杀：爱惜生灵，厌恶杀生。此处"好"应读作 hào，"恶"读作 wù，黄河以北地区的学者可能是读成了"好（hǎo）生恶（è）杀"，所以颜之推认为他们读错了。

【译文】

物体本身有精良、粗劣的分别，精粗也就是好恶；人的心意对事物有舍弃或保留，这种舍弃或保留的心理就是好恶。后一种"好恶"的读音见于葛洪和徐邈的著作。而黄河以北地区的读书人在读《尚书》时却将"好（hào）生恶（wù）杀"读作"好（hǎo）生恶（è）杀"。这两种读音一种是评论物体质地的，一种是表达人类情绪的，将这两种读音混为一谈实在是说不通。

甫者，男子之美称，古书多假借为"父"字；北人遂无一人呼为"甫"者，亦所未喻^①。唯管仲、范增之号^②，须依字读耳。

【注释】

①喻：知晓，明白。

②管仲、范增之号：管仲号仲父，范增号亚父。

【译文】

"甫"是男子的美称，古代写的时候多通假为"父"字；北方人竟然没有一个人将假借为"甫"的"父"字读成"甫"，这是因为他们不明白二者的通假关系。只有管仲仲父和范增亚父二人名号中的"父"字应该依本字而读。

案：诸字书，焉者鸟名，或云语词①，皆音"于愆反"。自葛洪《要用字苑》分焉字音训：若训"何"训"安"，当音"于愆反"，"于焉逍遥""于焉嘉客""焉用佞""焉得仁"之类是也；若送句及助词，当音"矣愆反"，"故称龙焉""故称血焉""有民人焉""有社稷焉""托始焉尔""晋、郑焉依"之类是也。江南至今行此分别，昭然易晓；而河北混同一音，虽依古读，不可行于今也。

【注释】

①语词：即"语辞"，文言虚词。

【译文】

据考证：各种字书都认为"焉"是鸟名，也有说是虚词的，都注音为"于愆反"。自葛洪的《要用字苑》起，才开始区别"焉"字的读音和意义：如果解释作"何""安"，就应该读作"于愆反"，"于焉逍遥""于焉嘉容""焉用佞""焉得仁"之类的句子就是这样；如果"焉"字是用作句末语气词及结构助词，就应该读作"矣愆反"，"故称龙焉""故称血焉""有民人焉""有社稷焉""托始焉尔""晋、郑焉依"这类句子就是如此。江南地区至今沿用这种不同读音，字的意思非常明了易懂；而黄河以北地区把两种读音混成了一种，这虽然遵从古音，却不能用在当今。

　　邪者，未定之词①。《左传》曰："不知天之弃鲁邪？抑鲁君有罪于鬼神邪？"《庄子》云："天邪地邪？"《汉书》云："是邪非邪？"之类是也。而北人即呼为也，亦为误矣。难者曰："《系辞》云：'乾坤，易之门户邪？'此又为未定辞乎？"答曰："何为不尔！上先标问，下方列德以折之耳②。"

【注释】

①未定之词：即疑问词。

②折：判断，裁决。

【译文】

　　"邪"是表示疑问的语气词。《左传》说："不知天之弃鲁邪？抑鲁君有罪于鬼神邪？"《庄子》上说："天邪地邪？"《汉书》里说："是邪非邪？"这些例子中的"邪"字就是这种用法。而北方人却把"邪"字读作"也"，这就错了。有人诘难我说："《系辞》里说：'乾坤，易之门户邪？'这个'邪'字难道也是疑问语气词吗？"我回答说："为什么不是呢！前面先提出问题，后面才列举乾坤之德来作裁断啊。"

江南学士读《左传》，口相传述，自为凡例①，军自败曰"败"，打破人军曰"败"。诸记传未见"补败反"，徐仙民读《左传》，唯一处有此音，又不言自败、败人之别，此为穿凿耳。

【注释】

①凡例：体制，章法。

【译文】

江南地区的学子读《左传》，是靠口授递相传述，自行制定了一套音读章法，军队自己溃败说"败"，打败对方军队也说"败"。各种记载和传本中都没有见过"补败反"这个注音。徐仙民读《左传》的时候，只在一处注了这个读音，并没有说自败和打败别人的分别，这就是牵强附会了。

古人云："膏粱难整①。"以其为骄奢自足，不能克励也②。吾见王侯外戚，语多不正，亦由内染贱保傅③，外无良师友故耳。梁世有一侯，尝对元帝饮谑④，自陈"痴钝"，乃成"飔段"⑤，元帝答之云："飔异凉风，段非干木。"谓"郢州"为"永州"，元帝启报简文，简文云：'庚辰吴入⑥，遂成司隶⑦。'"如此之类，举口皆然。元帝手教诸子侍读⑧，以此为诫。

【注释】

①膏粱：指富贵人家及其后嗣。

②克励：刻苦自励。

③保傅：古代保育、教导太子等贵族子弟及未成年帝
　　王、诸侯的男女官员，统称为保傅。

④饮谑：饮酒，戏谑。

⑤飔（sī）：凉风。

⑥庚辰吴入：指的是春秋时期吴国军队攻入楚国郢都
　　的事。《春秋》中有："定四年冬十有一月庚午，蔡侯
　　以吴子及楚人战于柏举，楚师败绩，楚囊瓦出奔郑。
　　庚辰，吴入郢。"简文帝此处故意省略了"郢"字。

⑦司隶：指东汉司隶校尉鲍永，简文帝此处暗用"永"字。

⑧侍读：古代官名。其职责为陪侍帝王读书论学或为
　　皇子等授书讲学。南北朝、唐、宋诸王属官，有侍
　　读、侍讲。

【译文】

　　古人说过："整天享用精美食物的人，他们的品行很少
有端正的。"这是因为他们自满骄横奢侈地生活，而不能克
制勉励自己。我见到的王侯外戚，语音多数都不标准，这
也是因为他们在内受到了那些低贱保傅的熏染，在外又没
有良师益友对其进行帮助的缘故。梁朝有一位侯爵，曾经
和梁元帝一起饮酒玩笑，他自称"痴钝"，却把这两个字读
成了"飔段"。元帝回答他说："你说的这个'飔'可不是
凉风，'段'也不是段干木。"他还把"郢州"说成"永州"。
元帝把这件事告诉了简文帝，简文帝说："庚辰日吴人攻入

的地方，竟然变成了后汉的司隶校尉。"像这种发音不准的例子，那些王公贵戚众口皆然。元帝亲自为诸位皇子授书讲学时，就拿这件事来告诫他们。

河北切"攻"字为"古琼"，与"工""公""功"三字不同，殊为僻也。比世有人名暹，自称为"纤"；名琨，自称为"衮"；名洸，自称为"汪"；名繴，自称为"獡"①。非唯音韵舛错②，亦使其儿孙避讳纷纭矣。

【注释】

①獡（shuò）：相惊的样子。

②舛（chuǎn）错：差错，不正确。

【译文】

黄河以北地区的人将"攻"字注音为"古琼切"，与"工""公""功"三字的读音不同，这是极端错误的。近代有人名叫"暹"，他自己将"暹"读成"纤"；有人名叫"琨"，他自己将"琨"读成"衮"；有人名叫"洸"，他自己将"洸"读成"汪"；有人名叫"繴"，他自己将"繴"读成"獡"。这不仅在音韵上有错误，也使子孙后代的避讳变得纷繁杂乱了。

杂艺第十九

  作者在这一篇主要讨论了书法、绘画、骑射、博弈、投壶、卜筮、算术、医学等其他技艺，他认为对于这些事情或者可以修身，或者可以怡情，或者可以有助于日常生活，对此需要有一定的了解，但是不能专门从事这些行业。

　　真草书迹①，微须留意②。江南谚云："尺牍书疏，千里面目也。"承晋、宋余俗，相与事之③，故无顿狼狈者④。吾幼承门业，加性爱重，所见法书亦多，而玩习功夫颇至，遂不能佳者，良由无分故也。然而此艺不须过精。夫巧者劳而智者忧，常为人所役使，更觉为累；韦仲将遗戒⑤，深有以也⑥。

【注释】

①真草：书体名，真书和草书。真书，即楷书。

②微：略，稍微。

③相与：共同，一道。

④狼狈：为难窘迫。

⑤韦仲将：魏代书法家。《世说新语·巧艺》篇说魏明帝兴造宫殿，命韦仲将登梯题字，韦仲将累得鬓发斑白，因此劝告儿孙不要学书法。

⑥有以：有原因。

【译文】

　　楷书、草书等书法技艺，是要稍加留意的。江南的谚语说："一封短信，就是千里之外给人看的面目。"现在的人继承了东晋和刘宋以来的风气，都用功学习书法，因此在这方面从没有突然感到为难窘迫的时候。我自小继承家传的学业，再加上本身也很爱好书法，所见到的书法字帖也多，而且在临摹玩味上也下了不少功夫，最终还是不能达到很高的水平，大概是因为缺少天分的缘故。然而这门技艺没必要学得太精深。巧者多劳，智者多忧，若因此而常被人家役使，反而会觉得精通书法是一种负累。魏代书法家韦仲将给儿孙留下"不要学书法"的训诫，是很有道理的。

王逸少风流才士①，萧散名人②，举世惟知其书，翻以能自蔽也。萧子云每叹曰③："吾著《齐书》，勒成一典，文章弘义④，自谓可观；唯以笔迹得名，亦异事也。"王褒地胄清华⑤，才学优敏，后虽入关，亦被礼遇。犹以书工，崎岖碑碣之间，辛苦笔砚之役，尝悔恨曰："假使吾不知书，可不至今日邪？"以此观之，慎勿以书自命。虽然，厮猥之人⑥，以能书拔擢者多矣⑦。故道不同不相为谋也。

【注释】

①王逸少：王羲之，字逸少。

②萧散：犹萧洒。形容举止、神情、风格等自然不拘束，闲散舒适。

③萧子云：齐梁时人，《齐书》撰者。

④弘义：大义，正道。

⑤王褒：南北朝时文学家，本为梁人后入北周。地胄（zhòu）清华：门第清高显贵。地胄，南北朝时，称皇族帝室为天潢，世家豪门为地胄，后亦泛指门第。

⑥厮猥：地位卑微。

⑦拔擢（zhuó）：选拔提升。

【译文】

王羲之是一位洒脱飘逸的才子，潇洒而不受约束的名

士，世间所有人都只知道他的书法精妙，反而把其他方面的才华都掩盖了。萧子云常常感叹说："我撰写的《齐书》，编纂成一套制度，书中的文章大义，我自以为很值得一看；可是到头来却只是因抄写的书法精妙而使我得名，也真是怪事。"王褒出身高贵门第，学识渊博，文思敏捷，后来虽然到了北周，也依然受到礼遇。他尚且因为擅长书法，而经常困顿于碑碣之间，辛辛苦苦替别人写字，他曾后悔地说："假如我不精通书法，就不至于像现在这样吧？"由此看来，千万不要以精通书法而自命不凡。话虽这样说，地位低下的人，因写得一手好字而被提拔的事例很多。所以说：处境不同的人是不能互相谋划的。

梁氏秘阁散逸以来①，吾见二王真草多矣，家中尝得十卷；方知陶隐居、阮交州、萧祭酒诸书②，莫不得羲之之体，故是书之渊源。萧晚节所变③，乃右军年少时法也。

【注释】
①秘阁：皇宫中藏图书秘籍之所。
②陶隐居：陶弘景，南朝著名隐士。阮交州：指梁朝人阮研，字文几，陈留人，官至交州刺史，善书。萧祭酒：指萧子云，他曾为国子监祭酒。
③晚节：晚年。

【译文】
梁朝秘阁珍藏的图书文籍散失以后，我见过很多王羲之、王献之的楷书、草书作品，家里曾经有十卷；看了这些作品，才知道陶弘景、阮研、萧子云等人的字，无不是学习了王羲之的字体布局，所以说王羲之的字是书法的渊源。萧子云晚年时的字体有所变化，就是学习了王羲之年轻时所写的字。

晋、宋以来，多能书者。故其时俗，递相染尚，所有部帙①，楷正可观，不无俗字，非为大损。至梁天监之间，斯风未变；大同之末，讹替滋生。萧子云改易字体，邵陵王颇行伪字②；朝野翕然③，以为楷式④，画虎不成，多所伤败。至为一字，唯见数点，或妄斟酌，逐便转移。尔后坟籍，略不可看。北朝丧乱之余，书迹鄙陋，加以专辄造字，猥拙甚于江南。乃以"百""念"为"憂"，"言""反"为"變"，"不""用"为"罷"，"追""来"为"歸"，"更""生"为"甦"，"先""人"为"老"，如此非一，遍满经传。唯有姚元标工于楷隶⑤，留心小学，后生师之者众。洎于齐末⑥，秘书缮写⑦，贤于往日多矣。

【注释】

①部帙（zhì）：指书籍。

②伪字：指不规范的字。

③翕然：一致。

④楷式：法则，典范。

⑤姚元标：北魏时人，官至左光禄大夫，以书法见称。

⑥洎（jì）：至，到。

⑦缮写：誊写，编录。

【译文】

东晋、刘宋以来，有很多精通书法的人。所以一时形成了风气，在人们中互相产生了影响。所有的书籍文献都抄录得非常端正美观，即使难免出现个别俗体字，但并没有多大损害。直到梁武帝天监年间，这种风气也没有改变；到了大同末年的时候，异体错讹之字开始大量出现。萧子云改变字的形体，邵陵王常使用不规范的字；朝野上下都一致效仿，将他们奉为典范，结果画虎不成反类犬，造成很大的损害。以致一个字简化只有几个点，有的将字体随意安排，任意改变偏旁的位置。自那以后的文献书籍，几乎没法看。北朝经历了长期的兵荒马乱以后，书写字迹丑陋难看，再加上擅自生造新字，情况比江南地区还要拙劣。甚至出现将"百""念"两字组合成"憂"字，把"言""反"两字相组合当成"變"字，将"不""用"两字组合当成"罷"字，把"追""来"两字组合当成"歸"字，将"更""生"两字组合作为"甦"字，"先""人"两字组合当成"老"字。像这样的情况不是个别的，而是遍布于经籍传书之中。只有姚元标擅长于楷书、隶书，专心研究文字训诂的学问，跟从他学习的年轻人很多。到了北齐末年，秘阁书籍的抄写就比以前强多了。

江南闾里间有《画书赋》，乃陶隐居弟子杜道士所为；其人未甚识字，轻为轨则^①，托名贵师，世俗传信，后生颇为所误也。

【注释】
①轨则：规则，准则。
【译文】

　　江南民间流传有《画书赋》一书，是陶弘景的弟子杜道士撰写的；这个人不怎么认识字，却轻率地规定字体的法则，假托名师，世人以讹传讹，信以为真，年轻学子多被他所误导。

　　画绘之工，亦为妙矣；自古名士，多或能之。吾家尝有梁元帝手画蝉雀白团扇及马图，亦难及也。武烈太子偏能写真^①，坐上宾客，随宜点染，即成数人，以问童孺，皆知姓名矣。萧贲、刘孝先、刘灵^②，并文学已外，复佳此法。玩阅古今，特可宝爱。若官未通显，每被公私使令，亦为猥役。吴县顾士端出身湘东王国侍郎，后为镇南府刑狱参军，有子曰庭，西朝中书舍人，父子并有琴书之艺，尤妙丹青，常被元帝所使，每怀羞恨。彭城刘岳，橐之子也，仕为骠骑府管记、平氏县令，才学快士，而画绝伦。后随武陵王入蜀，下牢之败^③，遂为陆护军画支江寺壁^④，与诸工巧杂处^⑤。向使三贤都不晓画，直运素业^⑥，岂见此耻乎？

【注释】

①武烈太子：即梁元帝长子萧方等，字实相。写真：画人的真容。

②萧贲：字文奂，南齐竟陵王萧子良之孙，有文才，善书画。刘孝先：南朝梁人，善写五言诗。刘灵：亦为梁人，工文，善画。

③下牢：即下牢关，在今湖北宜昌西北。

④陆护军：指陆法和。护军：监军，官名。

⑤工巧：泛指匠人、工匠。

⑥素业：清高儒雅的工作。

【译文】

擅长绘画，也是件好事；自古以来的名人，很多人擅长绘画。我家曾保存有梁元帝亲手画的蝉雀白团扇和马图，他的画技也是旁人很难企及的。武烈太子萧方等特别擅长画人物肖像，在座的宾客，他只要用笔随意点染，就能画出这些人的样子，拿了画像去问小孩，小孩都能指出画中人物的姓名。还有萧贲、刘孝先、刘灵，这些人除了精通文学创作之外，绘画技术也高。赏玩古今名画，确实让人爱不释手。但如果善于作画的人官位还未显贵，就会因为能绘画而常被公家或私人使唤，作画也就成了一种下贱的差使。吴县顾士端曾是湘东王国的侍郎，后来任镇南府刑狱参军，他有个儿子名叫顾庭，是梁元帝的中书舍人，父子俩都通晓琴艺和书法，尤其精通绘画，常因此而被梁元帝使唤，时常感到羞愧悔恨。彭城人刘岳，是刘橐的儿子，担任过骠骑府管记、平氏县令，富有才学，为人豪爽，绘画技艺十分高超，后来跟随武陵王萧纪到蜀地，下牢关战败后，就为陆护军画支江寺壁画，和那些工匠杂处一起。如果这三位贤能的人当初都不懂得绘画，一直专心致力于清高儒雅的事业，怎么会受到这样的耻辱呢？

弧矢之利①，以威天下，先王所以观德择贤，亦济身之急务也。江南谓世之常射，以为兵射，冠冕儒生，多不习此；别有博射②，弱弓长箭，施于准的，揖让升降，以行礼焉。防御寇难，了无所益。乱离之后，此术遂亡。河北文士，率晓兵射，非直葛洪一箭③，已解追兵，三九宴集，常縻荣赐④。虽然要轻禽⑤，截狡兽，不愿汝辈为之。

【注释】
①弧矢：弓箭。
②博射：我国古代一种游戏性的习射方式。
③直：只。葛洪：晋人，长于方术，博学多才，著有《抱朴子》一书。该书自序云曾手射追骑。
④縻（mí）：分得，获得。
⑤要：截取。

【译文】
弓箭的锋利，可以威震天下，古代的帝王以射箭来考察人的德行，选择贤能，同时操弓射箭也是保全自己性命的紧要事情。江南的人将世上常见的射箭，称为是"兵射"，士大夫和读书人都不肯学习此道；另外有一种"博射"，弓的力量很弱，箭身较长，设有箭靶，宾主相见，揖让进退，按一定的仪式致敬。这种射箭对于防御敌寇，一点儿帮助都没有。战乱之后，这种"博射"就没人玩了。北方的文人，都懂得"兵射"，不仅能像葛洪那样一箭射死追兵，而且在三公九卿宴会时也常常因精于射箭获得赏赐。尽管这样，用射箭去猎获飞禽走兽这种事，我仍是不愿意你们去做的。

卜筮者，圣人之业也；但近世无复佳师，多不能中。古者，卜以决疑，今人生疑于卜，何者？守道信谋，欲行一事，卜得恶卦，反令怃怃①，此之谓乎！且十中六七，以为上手，粗知大意，又不委曲②。凡射奇偶③，自然半收，何足赖也。世传云："解阴阳者，为鬼所嫉，坎壈贫穷④，多不称泰。"吾观近古以来，尤精妙者，唯京房、管辂、郭璞耳⑤，皆无官位，多或罹灾，此言令人益信。倘值世网严密，强负此名，便有诖误⑥，亦祸源也。及星文风气⑦，率不劳为之。吾尝学《六壬式》⑧，亦值世间好匠，聚得《龙首》《金匮》《玉轮变》《玉历》十许种书，讨求无验，寻亦悔罢。凡阴阳之术，与天地俱生，亦吉凶德刑，不可不信；但去圣既远，世传术书，皆出流俗，言辞鄙浅，验少妄多。至如反支不行⑨，竟以遇害；归忌寄宿⑩，不免凶终：拘而多忌，亦无益也。

【注释】

①怵怵（chì）：忧惧不安的样子。

②委曲：知其详尽。

③射：猜度。

④坎壈（lǎn）：困顿不得志。

⑤京房：西汉人，以易学闻名。管辂：东汉末年人，长于占卜。郭璞：晋人，长于占卜。

⑥诖（guà）误：贻误，连累。

⑦星文风气：指根据星象、风向、气象等征兆，判断人事吉凶。

⑧六壬（rén）式：动用阴阳五行进行占卜凶吉的方法之一。

⑨反支：即反支日，古术数星命之说，以反支日为禁忌之日。《汉书·游侠传》记载张竦因反支日不肯出行，为贼所杀之事。

⑩归忌：阴阳家认为某些日子不宜在家。《后汉书·郭躬传》记载汝南人陈伯敬小心翼翼，遇到归忌之时，宁可寄宿在外，但最终被女婿连累而被杀。

【译文】

卜筮，是圣人的事务；只是近世没有高明的巫师，所以占卜大多数都不灵验。古时候，占卜是用来解除疑惑的，现在的人反而因为占卜产生了疑惑，为什么呢？坚守道德规范，相信自己谋划的人，打算去办一件事，占卜时却得到了不好的卦，反让他感到忧虑不安，生疑于卜就是这个意思吧！况且，现在人十次占卜，其中有六七次应验，就认为是占卜的高手，实际上只是粗略地知道占卜的大意，并不精通。但凡是猜测奇偶正负，自然会有一半猜中的机会，这样的结果怎么值得信赖呢？世人传说："精通阴阳占卜的人，被鬼神所憎恶，一生坎坷艰难，大多都过得不太平。"我看近古以来，特别精通占卜的人，也就是京房、管辂、郭璞三人罢了。他们都没有官职，又多遭灾祸，因此这个传言更加让人觉得可信。倘若碰上世间法制严密，勉强地背负占卜的名声，就会受到牵累祸害，这也是祸根呀。至于看天文、观星相、测气候之类，一概都不要去研究。我曾学过《六壬式》，也遇到过世间的占卜高手，收集了《龙首》《金匮》《玉轮变》《玉历》等十几种占卜的书，探讨一番之后发现书中所说的并没有应验，不久也就因后悔而作罢了。凡阴阳占卜之术，与天地共生，它所昭示的吉兆凶象、施加恩泽与惩罚，是不能不信的；只是现在离圣人的年代已久，世上流传的占卜书，都是庸人所撰，言词粗鄙浅陋，应验的少，虚妄的多。至于有人在反支日不敢远行，反而因此遇害；有人在归忌日寄居在外，还是免不了一死：因拘泥于此类说法而忌讳多多，是没什么益处的。

　　算术亦是六艺要事，自古儒士论天道，定律历者，皆学通之。然可以兼明，不可以专业^①。江南此学殊少，唯范阳祖暅精之^②，位至南康太守。河北多晓此术。

【注释】

①专业：专门从事某种学业或职业。

②祖晅（xuǎn）：即祖晅之，他是祖冲之的儿子，字
　景烁，精通天文数理。

【译文】

算术也是六艺中重要的一项，自古以来的读书人中能
谈论天文，推定律历的人，都精通算术。然而，可以在学
别的同时学习算术，不要专门去学习它。江南通晓算术的
人很少，只有范阳人祖晅精通，他官至南康太守，北方人
大多通晓这门学问。

　　医方之事，取妙极难，不劝汝曹以自命也。微
解药性，小小和合①，居家得以救急，亦为胜事，
皇甫谧、殷仲堪则其人也。

【注释】

①小小：稍稍。和合：调和，汇合。

【译文】

医道这种事，要达到精妙极为困难，我不鼓励你们以
会看病自许。稍微懂得一些药性，稍微能够配点药，日常
生活中能够用来救急，也是件很好的事。皇甫谧、殷仲堪
就是这样的人。

　　《礼》曰："君子无故不彻琴瑟①。"古来名士，
多所爱好。洎于梁初②，衣冠子孙，不知琴者，号

有所阙^③；大同以末，斯风顿尽。然而此乐愔愔雅致^④，有深味哉！今世曲解^⑤，虽变于古，犹足以畅神情也。唯不可令有称誉，见役勋贵，处之下坐，以取残杯冷炙之辱。戴安道犹遭之^⑥，况尔曹乎！

【注释】

①彻：撤除，撤去。

②洎（jì）：至，到。

③阙：缺。

④愔愔（yīn）：和悦安舒的样子。

⑤曲解：古乐府一节称一解，因以泛指乐曲。

⑥戴安道：晋人戴逵，字安道，他善于弹琴，武陵王司马晞一次召他弹琴，他不去，当着使者的面摔坏了琴，表示不做王门伶人。事见《晋书·列传第六十四》。

【译文】

《礼记》里说："君子无故不撤去琴瑟。"自古以来的名士，大多爱好弹琴。到了梁朝初期，如果贵族子弟不懂弹琴，就要被认为有缺憾；到了大同末年，这种风气就已经荡然无存了。然而这种音乐安闲和雅，确实有着深厚的意味啊！现在的琴曲歌词，虽然不同于古曲，听了之后还是足以使人神情舒畅。只是不要以擅长弹琴闻名，那样就会因此而被达官贵人所役使，坐在宴席下面，身受伶人般的屈辱。戴安道尚且遭遇过这样的事，何况你们呢！

《家语》曰①："君子不博，为其兼行恶道故也。"
《论语》云："不有博弈者乎②？为之，犹贤乎已。"
然则圣人不用博弈为教，但以学者不可常精，有时
疲倦，则傥为之，犹胜饱食昏睡，兀然端坐耳③。
至如吴太子以为无益，命韦昭论之④；王肃、葛洪、
陶侃之徒⑤，不许目观手执，此并勤笃之志也。能
尔为佳。古为大博则六箸⑥，小博则二茕⑦，今无
晓者。比世所行，一茕十二棋，数术浅短，不足可
玩。围棋有手谈、坐隐之目⑧，颇为雅戏；但令人
耽愦⑨，废丧实多，不可常也。

【注释】

①《家语》：即《孔子家语》，魏人王肃所作伪书。

②"不有"句：出《论语·阳货篇》。博弈，泛指棋类
　游戏。

③兀（wù）然：无知的样子。

④韦昭：即韦曜，他本名昭，史书为避晋讳改作曜。
　曜字弘嗣，三国时期吴郡云阳人，曾为太子中庶
　子。时蔡颖亦在东宫，蔡颖性好博弈；太子和以为
　无益，命曜论之。事见《三国志·吴书·王楼贺韦
　华传第二十》。

⑤王肃：魏人，著名学者。葛洪：晋人，著有《抱朴
　子》。陶侃：晋人，东晋初年曾平王敦之乱，官拜
　大司马。这三个人都因珍惜时机，不许门人子弟近
　于博弈。

⑥博：指博戏，又叫局戏，为古代的一种游戏，六箸十二棋。六箸：古代博弈之具。

⑦茕（qióng）：赌具，骰子。

⑧手谈、坐隐：都是下围棋的别称。

⑨耽愦（kuì）：沉迷昏聩。

【译文】

《孔子家语》说："君子不参与博戏，是因为它能很快使人走上不正之道。"《论语·阳货篇》说："不是有玩博弈下棋等游戏吗？干点这个，也比什么都不干强！"话虽如此，但圣人并不是要用这个来教学生，只是认为读书人不可能总是一直专注学习，有的时候感到疲倦了，偶尔玩玩，要比吃饱了饭昏昏而睡，或是傻愣愣地坐着强罢了。倘若像吴太子那样认为博弈毫无益处，命韦昭写文章议论这件事；王肃、葛洪、陶侃的弟子，则不许围观参与，这都是勤奋专一的标志。会了当然也不错。古时候，大规模的博戏就用六根竹筷，小规模的博戏则用两个骰子，如今已无人知道怎么玩了。近代流行的是用一个骰子十二个棋子，路数技巧简单乏味，不值得深玩。围棋另有"手谈""坐隐"的名称，可算是一种高雅的游戏；但是令人沉迷其中，从而旷废很多别的事，不能经常玩。

投壶之礼①，近世愈精。古者，实以小豆，为其矢之跃也。今则唯欲其骁②，益多益喜，乃有倚竿、带剑、狼壶、豹尾、龙首之名③。其尤妙者，有莲花骁。汝南周璝，弘正之子，会稽贺徽，贺革之子，并能一箭四十余骁。贺又尝为小障，置壶其外，隔障投之，无所失也。至邺以来，亦见广宁、兰陵诸王，有此校具④，举国遂无投得一骁者。弹棋亦近世雅戏，消愁释愤，时可为之。

【注释】

①投壶：古代宴会礼制，亦为娱乐活动。宾主依次用矢投向盛酒的壶口，以投中多少决胜负，负者饮酒。

②骁（xiāo）：古代投壶游戏，箭从壶中跳出，用手接住再投，屡投屡跃，箭不坠地，称之"骁"。

③倚竿：投壶的一种招数，箭斜倚壶口中。带剑：投壶的一种招数，把箭投插入壶耳中。狼壶：投壶的一种招数，箭旋转壶口之上最后像倚竿那样斜倚壶口中。豹尾：投壶的一种招数，即龙尾，箭斜倚壶口中而箭羽正对投壶之人。龙首：投壶的一种招数，箭斜倚壶口中而箭首正向投壶之人。

④校具：装饰的物品。

【译文】

投壶的讲究，近代越发精妙。古时候，壶里要装满小豆子，怕箭从壶中跳出来。现在人在投壶的时候却只想让箭能从壶中跳出来，跳出来的次数越多越高兴，于是就有了倚竿、带剑、狼壶、豹尾、龙首等名目。其中最精妙的是莲花骁。汝南人周瑨，是周弘正的儿子，会稽人贺徽，是贺革的儿子，他们都能使一支箭连续投跃四十多次。贺徽曾经安置了一个小屏风，把壶放在屏风的外面，他自己隔着屏风投壶，没有投不进去的。自从我到邺城以来，看见广宁王、兰陵王等王公也有投壶的器具，但是举国上下竟然没有人能投一骁。弹棋也是近代的一种高雅游戏，能够消愁解闷，偶尔可以玩一玩。

终制第二十

　　终制即送终之制，类似于现在的遗嘱。作者因为自己年事已高，又疾病缠身，感慨自己一生坎坷遭遇，在这一篇中预先安排自己的身后之事，叮嘱子女将他薄葬，一切从简，同时还劝诫子孙要以立身扬名为重，不要因为顾恋为他守墓而埋没前程。

死者，人之常分，不可免也。吾年十九，值梁家丧乱，其间与白刃为伍者^①，亦常数辈；幸承余福，得至于今。古人云："五十不为夭。"吾已六十余，故心坦然，不以残年为念。先有风气之疾^②，常疑奄然^③，聊书素怀，以为汝诫。

【注释】

①白刃：锋利的刀。

②风气：病名。

③奄然：奄忽，指死亡。

【译文】

死亡，这是人生注定的事，不可避免。我十九岁的时候，正值梁朝覆亡，动乱期间出没刀光剑影中，也有很多次；幸亏蒙受祖上的福荫，我才能活到今天。古人说："活到五十岁就不算短命了。"我已经六十多岁了，所以面对死亡心里非常坦然，不因剩下的年月无多而挂怀。我以前患有风气病，常怀疑自己会突然死去，因而姑且记下自己平时的想法，作为对你们的嘱告。

先君先夫人皆未还建邺旧山^①，旅葬江陵东郭。承圣末，已启求扬都，欲营迁厝^②。蒙诏赐银百两，已于扬州小郊北地烧砖，便值本朝沦没^③，流离如此，数十年间，绝于还望。今虽混一，家道馨穷^④，何由办此奉营资费？且扬都污毁，无复孑遗，还被下湿，未为得计。自咎自责，贯心刻髓。计吾兄弟，不当仕进；但以门衰，骨肉单弱，五服之内⑤，傍无一人，播越他乡，无复资荫⑥；使汝等沉沦厮役，以为先世之耻；故腆冒人间⑦，不敢坠失⑧。兼以北方政教严切，全无隐退者故也。

【注释】

①旧山：旧茔。

②迁厝（cuò）：迁葬。

③本朝：古人称自己曾任职的王朝为本朝，此处指梁朝。

④罄穷：精光，荡然无存。

⑤五服：指近亲。五服本为近亲所服五种丧服。

⑥资荫：凭先代的功勋或官爵而授官封爵。

⑦腆（tiǎn）冒：厚颜冒昧。

⑧坠失：失去，废弛。

【译文】

　　我的亡父与亡母的灵柩都没能葬回建邺祖坟，因为客死他乡就暂时葬在江陵城的东郊。承圣末年，我已经启奏要求回扬州，准备迁葬。承蒙圣上下诏赐给百两银子，我已在扬州近郊北边烧制墓砖，却赶上梁朝灭亡，我辗转流离来到这里，几十年来，早已灭绝了归还的希望。现在天下虽然已经统一，但是家境困窘，哪有门路筹集这笔奉还营葬所需的费用呢？况且扬州已被破坏，什么也没有残存下来。将亡父亡母的灵柩运返葬在低洼潮湿的地方，也不算得当。我自己怪罪自己，愧疚之情刻骨铭心。思量我们兄弟几个本来不该做官；只是因为家道衰落，人口孤单，力量薄弱，至亲之中，没有一人可以依傍，逃亡在外地，更没有再凭先代的勋功得到荫庇；如果让你们沦落到给人做杂役的境地，那就是祖先的耻辱；所以我才厚着脸皮混迹于社会，不敢有任何差错。同时也有北朝政纪严格，根本不允许官员隐退的缘故。

今年老疾侵，傥然奄忽^①，岂求备礼乎？一日放臂^②，沐浴而已，不劳复魄，殓以常衣^③。先夫人弃背之时，属世荒馑，家涂空迫，兄弟幼弱，棺器率薄^④，藏内无砖^⑤。吾当松棺二寸，衣帽已外，一不得自随，床上唯施七星板^⑥；至如蜡弩牙、玉豚、锡人之属^⑦，并须停省，粮罂明器^⑧，故不得营，碑志旒旐^⑨，弥在言外。载以鳖甲车^⑩，衬土而下，平地无坟；若惧拜扫不知兆域^⑪，当筑一堵低墙于左右前后，随为私记耳。灵筵勿设枕几，朔望祥禫^⑫，唯下白粥清水干枣，不得有酒肉饼果之祭。亲友来馈酹者^⑬，一皆拒之。汝曹若违吾心，有加先妣，则陷父不孝，在汝安乎？其内典功德，随力所至，勿刳竭生资^⑭，使冻馁也。四时祭祀，周、孔所教，欲人勿死其亲，不忘孝道也。求诸内典，则无益焉。杀生为之，翻增罪累。若报罔极之德，霜露之悲，有时斋供，及七月半盂兰盆^⑮，望于汝也。

【注释】

①傥然：假若。奄忽：死亡。

②放臂：指人死亡。

③殓（liàn）：给死者穿衣入棺。

④棺器：棺材。

⑤藏（zàng）：墓穴，坟墓。

⑥七星板：旧时停尸床上及棺内放置的木板，上凿七
孔，斜凿楗槽一道，使七孔相连，大殓时纳于棺内。

⑦蜡弩（nǔ）牙：古代的明器，蜡制的弩弓。弩牙，
弩上发矢的机件。玉豚：古时用来殉葬的玉器，猪
形。锡人：用锡铸造的人像，古代用以殉葬。

⑧粮罂（yīng）：盛粮的陶器，大肚小口，古代墓葬用
为明器。明器：即冥器。专为随葬而制作的器物，一
般用竹、木或陶土制成。《礼记·檀弓下》："其曰明
器，神明之也。涂车刍灵，自古有之，明器之道也。"

⑨碑志：碑记，刻在碑上的纪念文字。旒（liú）旐
（zhào）：指铭旌。

⑩鳖甲车：灵车。

⑪兆域：墓地四周的疆界，亦以称墓地。《周礼·春
官·冢人》："掌公墓之地，辨其兆域而为之图。"

⑫朔望：朔日和望日，旧历每月初一日和十五日。祥
禫（dàn）：丧祭名。语出《礼记·杂记下》："期之
丧，十一月而练，十三月而祥，十五月而禫。"

⑬酹（lèi）：以酒浇地，表示祭奠。

⑭刳（kū）：挖，挖空。

⑮盂（yú）兰盆：梵文 ullambana，意译为救倒悬。旧
传目连从佛言，于农历七月十五日置百味五果，供

养三宝，以解救其亡母于饿鬼道中所受倒悬之苦。南朝梁以来，成为民间超度先人的节日，每年在农历七月十五这一天请僧尼结盂兰盆会，诵经施食。后来演变成为只有祭祀仪式而不请僧尼的活动。

【译文】

我现在年纪已经老了，而且疾病缠身，假如突然死了，难道还要求丧事一定要礼仪完备么？哪一天我撒手离世，只要帮我沐浴身体就可以了，不用再举行复魄的仪式，给我穿上我日常所穿的衣服装殓即可。我的亡母辞世的时候，到处都在闹饥荒，家境贫困窘迫，我们兄弟年幼孤弱，所以她的棺木很薄，坟内也没有用砖。因此，埋葬我时应当用两寸厚的松木棺材，里面除了衣服和帽子之外，什么都不要放进去，棺材的底部只放一块七星板；至于像蜡弩牙、玉豚、锡人之类的随葬品，都要撤掉不用，粮罂之类的明器，不要置办，碑志铭旌，就更不用说了。棺木用鳖甲车运送，贴着土埋下就行，墓顶跟地面平齐，不要堆坟；你们要是担心以后祭拜扫墓时不知道墓的四周疆界，可以在墓的前后左右建一堵矮墙，或者你们随意做一些标记。灵床上不要放置枕几，朔日、望日，以及祥日、禫日祭奠的时候，只要放些白米粥、清水和干枣就行，不准有酒、肉、糕饼、鲜果等祭品。亲友们如果要来祭奠，一概回拒他们。你们要是违背我的心意，营葬的标准超过我亡故的母亲，那就是陷你们的父亲于不孝，这样的话，你们能够心安么？像诵经施舍这些功德事，你们量力而行，不要倾尽家财，以致你们自己饥寒交迫。四季的祭祀，是周公、孔子所教化的事，目的是使人不要忘记死去的亲人，不要忘记奉行孝道。若按照佛经的观点来看，这都是没有用处的。要是宰杀生灵进行祭祀，反而会增加死者的罪孽。你们要是想报答父亲的无尽之恩，表达你们的追思之情，按时斋供，到七月十五的盂兰盆会时，我期望你们能来扫祭。

孔子之葬亲也，云："古者，墓而不坟。丘东西南北之人也①，不可以弗识也。"于是封之崇四尺②。然则君子应世行道，亦有不守坟墓之时，况为事际所逼也！吾今羁旅，身若浮云，竟未知何乡是吾葬地；唯当气绝便埋之耳。汝曹宜以传业扬名为务，不可顾恋朽壤③，以取埋没也④。

【注释】
①东西南北之人：到处奔走、居无定所的人。
②崇：高度，从下向上的距离。
③顾恋：顾念留恋。朽壤：腐土。此处指坟墓。
④埋（yīn）没：埋没，湮没。

【译文】
孔子安葬亲人时说道："古时候建墓而不堆坟。我孔丘是一个四处奔走的人，不能不留个标志。"于是在墓上堆了个四尺高的坟。这样看来君子顺应时世实践自己的主张，也有不能守着坟墓的时候，何况是被情势所逼迫呢！我现在滞留异乡，自己就像浮云一样飘泊不定，都不知道哪里是我的葬身之地；在我气绝身亡后，随地埋葬就行了。你们应该致力于传承家业、弘扬声名，不可以因为顾念留恋我的葬身之处，而埋没了自己的前程。